最適合帶便當、不變味，好下飯的美味菜色

下飯便當菜

台灣你好團隊　　著

前言

晚餐只有兩個人，要煮什麼好呢？

朋友臨時要來，先看冰箱有什麼下酒菜⋯⋯

天氣熱到大家都沒味口，什麼料理比較開胃？

這些問題是否困擾過妳（你）呢？家中負責下廚的人都知道，料理不僅是做完幾道菜這麼簡單，還得配合場合、氣候時節、預算等多重因素，一併考量後才能完成。

本書收錄的料理，都是運用在地食材、呼應生活情境、配合氣候時節的精心之選，提供一日三餐各種需求的料理點子，激發大家下廚的創意。每道食譜更以美味、易學、暖心還得接地氣為目標，由「天天好味」料理老師群企劃與撰寫，並親自示範作法，期望協助大家排除準備各式料理的困擾，也能鼓勵更多新手踏入料理的世界，讓下廚變得更為愉快。

精心挑選出的這 65 道常備菜食譜，負責的老師幾乎都是人妻身分，內容融合了老師們的料理專業與生活智慧。例如**ㄚ曼達老師**麻香豆干這道下酒小菜，連不愛下廚的同事吃了都大呼要學，因為做法極為簡單快速，卻擁有讓人難以忘懷的美味。**胖仙女老師**讓每一道家常菜做法都變得更輕鬆且少油煙，讓做菜可以是件很愜意的事；**塔咪老師**是異國風味料理的高手，她調出來的醬汁簡直比餐廳賣的還好吃，任何風味都難不倒她；身為料理界名人的親子烹飪教養家 **Amanda 老師**，她的料理能打開人的視野，將經典的川菜、湘菜料理切合當季食材、簡化做法，調整為更適合全家人一起享用的家常風味；**蘋果老師**、**米嵐老師**、**夏綠蒂老師**、**Amber 老師**等皆是身懷絕技、各有千秋，可千萬別錯過嘗試任何一道料理！

無論是什麼身分、性別、背景，只要喜歡下廚、想要下廚、需要下廚，這本食譜集絕對能讓您滿意。

祝福各位，天天好味，時時開心。

目錄

PART 1　小菜常備菜

PART 2　下飯常備菜

PART 3　湯類常備菜

讓老公和孩子愛上「家」的味道

什麼味道最讓人回味無窮？

那就是「家」的味道！

小時候吃過很多美食的我，最愛吃的是媽媽和阿嬤的料理。過年一定要炊粿，不管是蘿蔔糕還是年糕；端午一定要包粽子，北部粽、南部粽、鹼粽通通有；拜拜時一定有自己蒸的白斬雞、料比麵還多的炒麵與炒米粉；想吃時隨時都可以煮個幾斤的油飯；或是一大家子聚在一起包餃子；冬天來時總有一大鍋的羊肉爐或是麻油雞，然後聚集很多家人一起品嘗！

結婚後，原本不會煮飯的我，開始了「玩」料理的旅程，因為我想要讓家人吃的開心，讓孩子擁有許多「家」的回憶！西式、中式、烘焙我都嘗試，

雖然偶有失敗品，老公和小孩還都蠻捧場的，孩子們更是會到處宣傳媽媽的料理，這也是一種「幸福」。

ㄚ曼達料理的特色就是簡單、好操作，然後不失美味，因為我不是科班出身，料理時會想辦法簡化，但不失此道菜餚的風味，畢竟我是個職業婦女。下班回家後希望用最快的速度讓家人吃到晚餐，所以在「天天好味」呈現的菜色也是如此。承蒙工作人員與大家的喜愛，讓我獲得滿滿的成就感。

這次食譜中所呈現的菜餚更是身為人妻必備的料理，相信我，只要肯動手做，料理真的不難，一起跟著「天天好味」來收服家人的心。

ㄚ曼達的廚房 ㄚ曼達

常備菜只要具備「三好原則」

常備菜只要具備「三好原則」：好買、好用、好變化，就可以把日常餐桌妝點得有滋有味。其中「好買」指的是這些食材可以輕易的在超市、傳統市場、甚至便利商店購入；「好用」指的是處理食材不需要繁複的過程且容易保存；「好變化」則為同一食材或醬料經由微處理可料理成不同菜品。

1. 選擇食材：下述建議食材與醬料在常備菜的準備與料理上較為廣用，例如高麗菜除了快炒與蒸煮外，也可燙熟後淋上調料，置於冰箱冷藏，食用一週。

「食材」：高麗菜、白菜、紅蘿蔔、馬鈴薯、洋蔥、菇類、辛香料（蔥、辣椒、蒜頭、紅蔥頭）、蕃茄罐頭、肉片、完整雞腿肉、絞肉。

「醬料」：醬油、料理酒、蠔油、香油、辣椒醬、番茄醬、味噌、橄欖油、醋。

2. 料理方法：常備菜在料理手法上著重在快速、簡單卻多樣性，在週末時準備一週的肉品醃漬、冷食菜色，平日便可輕鬆的變化出一桌佳餚。

「醃漬與涼拌」：事先的醃漬可提升食材的風味，而活用醬料於肉片和蔬菜的調拌，讓涼食嘗起來更具層次。

「燉煮與熟成」：燉煮法是在烹調過程中，將食材精髓釋放再濃縮，因此經過時間醞釀能讓其熟成的更完美，如中式燉肉與咖哩種類的料理。

「異國風情」：只要常備醬和香料，就可以讓家常菜添些異國味。像是味噌，除了烹煮味噌湯，也能調成炒醬使用。煎炒雞腿肉加些韓式辣醬就變身為春川辣炒雞。隨手可得的牛奶和起士片可製作簡易白醬。而撒些歐式香料熬熟番茄、蔬菜就是頗具盛名的法式燉菜。

一併收服大人、小孩口味的就是「香甜」和「濃稠」的調味秘訣！「香甜」口味可使用如玉米、南瓜、蕃茄、地瓜等製作南瓜蔬菜義大利麵、蕃茄燉菜、巧達濃湯；「濃稠」口味如水果咖哩、蜂蜜醬燒馬鈴薯、牽絲的白醬焗烤米飯。

3. 常備菜的保存：「容器的挑選與消毒」：常備菜中含有油性與酸性物質，因此挑選玻璃或陶瓷的容器較為合適，且直接上桌擺盤也美觀。另外在使用容器前也別忘了用熱水或食用級酒精進行消毒。常備食材若一次性無法烹調使用，則可切丁、切片、刨絲做初步處理，分裝至冷凍袋進行冷凍保存。常備菜做為加熱便當料理時，以燉煮種類為首選，葉菜類等配菜則以油漬或涼拌方式，以避免養分流失。

不打烊廚房 夏綠蒂

常備菜讓下班後的生活輕鬆許多

　　現今主婦們，除了白天忙碌工作，晚上回來為了親愛的家人著想，還得下廚烹飪，超級忙碌，此時肯定希望自己擁有三頭六臂。其實，若能利用週末假日較有空的時間預先做好，平日即能享受成果，悠哉品嘗美味佳餚。如何準備簡單、快速、方便的常備菜，對忙碌的主婦們很重要。以下幾道油煙少、免顧爐火、省時、快速、方便的零廚藝美味常備菜，希望對忙碌主婦們有幫助。

　　「台式泡菜」，只需手剝高麗菜，再浸泡醃製湯汁，微辣、蒜香、酸甜的開胃菜便完成。「涼拌黑木耳」，黑木耳經過汆燙、冰鎮，再與調味料拌一拌，放入冰箱冷藏，即完成夏日清爽脆口的涼拌菜。「酸菜炒肉末」，可說是白飯的頭號殺手，將食材經過簡單拌炒，美味下飯料理即刻上桌。

　　常備菜，讓你下班後的生活輕鬆許多，能擁有更多個人休閒時間。忙碌的主婦們，大家一起加油吧！

安木白。Amber

PART 1

小菜常備菜

recipe

醋溜馬鈴薯

🥄 示範｜小人妻大本事 米嵐

　　親手準備一道酸中帶辣的爽脆料理。緩緩削去馬鈴薯的外衣，細細切。熱鍋下油，鍋裡跳躍的紅椒最能勾起食慾。紅白交織的香與辣，聞味者食指大動。將馬鈴薯溫柔地拌炒，主角白醋在最佳時刻往下澆，甘味醬油為馬鈴薯絲裹上焦糖色外套，攪拌入味，最後加入青蔥，香味開始飄送。

🍲 材料

馬鈴薯（中型）2 個

大蒜 2 瓣

蔥 2 支

朝天椒 3 根

醬油 2 大匙

白醋 100ml

鹽 $\frac{1}{2}$ 小匙

沙拉油 5 大匙

TIPS

- 徹底洗掉馬鈴薯絲表面的澱粉，烹煮時才不會黏黏的。
- 冰過後口感會變得更脆更入味。

步驟

1 馬鈴薯洗淨，去皮後切細絲，再用清水徹底洗 **3** 次，將外層澱粉洗掉瀝乾。

2 將大蒜切片，辣椒切丁、蔥切段備用。

3 起鍋開中火，加入油，下蒜片、辣椒丁炒香後（約３０秒），轉中大火，再下馬鈴薯絲炒約１分鐘，讓馬鈴薯絲裹上油。

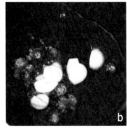

4 依序加入白醋、醬油、鹽，拌炒均勻（約炒 **3 ～ 5** 分鐘）。起鍋前加入蔥段翻炒拌勻即完成。

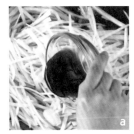

recipe

催淚蛋

🥄 示範│**小人妻大本事** 米嵐

　　愛吃辣椒的朋友千萬別錯過這道菜。糯米椒、朝天椒、紅辣椒大集合，
光用看的都覺得眼睛有點辣辣的。催淚蛋又名糯米椒炒蛋，以糯米椒為
基礎，再用紅辣椒加重辣度，用油炸香的雞蛋與其拌炒實在非常帶勁。
不想被催淚的人也別擔心，只要紅辣椒與朝天椒少放些，不辣也好吃。

🍳 材料

糯米椒 6 ～ 8 根　　　　朝天椒 3 根　　　鹽 1 小匙

雞蛋 3 個　　　　　　　蒜片 5 片　　　　醬油 $1\frac{1}{2}$ ～ 2 大匙

紅辣椒（大）3 根（配色用）　白砂糖 $\frac{1}{2}$ 小匙　　沙拉油 2 大匙

🍲 步驟

1　糯米椒去頭去尾斜切成三截、紅辣椒去頭去尾斜切成片狀、朝天椒切丁、大蒜切片備用。取一空碗打 3 顆蛋，加 $\frac{1}{2}$ 小匙鹽，打勻。

 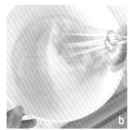

2　起鍋，加油 1 大匙將蛋煎成圓形，煎至兩面金黃，直接在鍋內用鏟子切成 8 塊後取出備用。

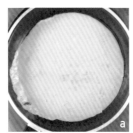 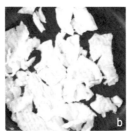

3　同一鍋，再加些油，下朝天椒、蒜片炒香後（約 30 秒），加糯米椒、紅辣椒、白砂糖、$\frac{1}{2}$ 小匙鹽，拌炒均勻。

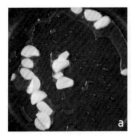  

4　最後加入步驟 3 的蛋，加醬油炒勻收汁即完成。

 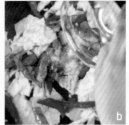 

TIPS

- 這道菜一定要先備料，不然會手忙腳亂。
- 嗜辣者可以多加幾根朝天椒。
- 如果要更像餐廳的催淚蛋，可多加點油，有點像炸蛋的感覺。
- 步驟 1 的蛋不打勻也可以，煎好後像荷包蛋的外觀，口感不同皆可試試。

泰式海陸涼拌

🥣 示範｜Ｙ曼達的廚房 Ｙ曼達

　　包準你會愛上的泰式海陸涼拌，絕對是炎熱季節招待客人的絕佳選擇。清爽到底又酸辣到底，這麼棒的雙重享受在家也能擁有。紅黃甜椒、小番茄與蒟蒻帶來爽脆口感。海鮮與豬肉薄片以滾水汆燙，調味只需泰式甜辣醬再加半顆檸檬汁。全體輕輕攪拌一番，以香菜點綴兼提味，賣相一百分。

材料

紅黃椒絲 各30g	豬梅花火鍋肉片 150g	香菜 適量
蝦仁 100g	聖女番茄 10 個	泰式甜辣醬 3 大匙
小花枝 100g	蒟蒻麵條 1 包	檸檬汁 1 小匙

步驟

1 紅黃椒先切絲、番茄切片備用。

2 水滾後，海鮮、火鍋肉片汆燙後撈起。

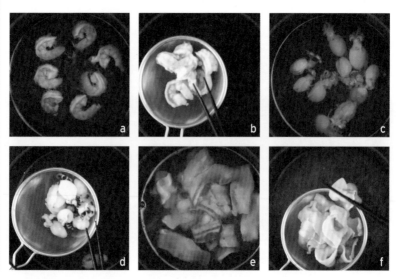

3 燙熟的海鮮肉與火鍋肉片放入沙拉碗中。

4 放上紅黃椒絲、蒟蒻條、切片的番茄、香菜。

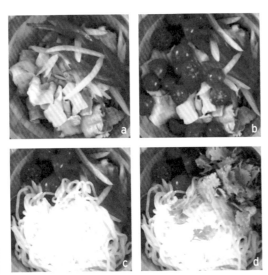

5 最後加入泰式甜辣醬、1小匙檸檬汁攪拌均勻即完成。

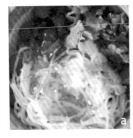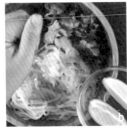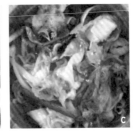

TIPS

- 蒟蒻麵條可以先切短較容易入口。
- 泰式甜辣醬可根據個人口味酌量添加。

涼拌西瓜皮

🥄 示範｜ㄚ曼達的廚房 ㄚ曼達

　　台灣西瓜超好吃，果肉紮實，汁多又甜。本是外國來的西瓜在台灣被發揚光大，如最耳熟的小玉西瓜就是台灣品種改良，取名小玉的新品種。吃西瓜，若只取紅黃果肉來吃太可惜了，正逢產季，快跟ㄚ曼達學這一招。將甜度高的果肉取出，削去最外的硬皮，剩下的部分就是最棒的涼拌菜食材，不但廚餘減少了，餐桌上還能多道營養的消暑小菜。

材料

台式涼拌西瓜皮

西瓜皮 200g

砂糖 1 小匙

白醋 1 小匙

麻油 1 小匙

鹽 2 小匙（1 小匙醃漬用）

辣椒 $\frac{1}{4}$ 小匙

蒜末 $\frac{1}{4}$ 小匙

香菜 適量

百香果涼拌西瓜皮

西瓜皮 200g

百香果醬 2 大匙

鹽 1 小匙（醃漬用）

步驟

台式涼拌西瓜皮

1 西瓜皮削除硬外皮和果肉，留下白色的部分。

2 切成薄片狀，再切成細絲，加少許的鹽醃漬出水（約30分鐘），
將水倒掉。

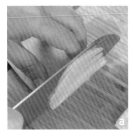  

3 最後用冷水沖一下，拌入所有調味料即完成。

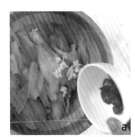  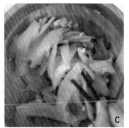

百香果涼拌西瓜皮

1 西瓜皮削除硬外皮和果肉，留下白色的部分。

2 切成薄片狀，再切成細絲，加少許的鹽醃漬出水（約 **30** 分鐘），
將水倒掉。

3 最後用冷水沖一下，
加入百香果醬，放
入冰箱冷藏後，待
入味即完成。

TIPS

- 建議選擇小玉西瓜，
口感較佳且料理上也
方便好處理。

- 要吃台式涼拌西瓜皮
時，可依個人喜好加
入香菜增添風味。

recipe

酒蒸蛤蜊

示範｜**蘋果愛料理** 蘋果

　　悠閒的夜晚，想在家輕輕鬆鬆喝幾杯，打開冰箱發現，哎呀！沒有下酒菜。轉頭看沙發上正在看電視的老婆，想要勞煩她又怕她累完換自己更累，男士們請捲起袖子吧。這道酒蒸蛤蜊不需烹飪技巧就能完成，還能與老婆一起享用。蔥末爆香後，下蛤蜊、米酒後蓋鍋燜煮，見蛤蜊打開即下薑絲與奶油煮五秒，就這麼一會兒功夫，酒蒸蛤蜊完成。

🍲 材料

蛤蜊 500g	蔥 3 支	檸檬汁 1 小匙
薑 8g	米酒 200ml	沙拉油 1 小匙
大蒜 2 瓣	無鹽奶油 15g	

🍳 步驟

1 清水中加入大量的鹽巴，讓蛤蜊吐沙約 2 小時，洗淨瀝乾備用。

2 蔥及大蒜切末（蔥白和蔥綠分開放）、薑切絲。

3 平底鍋加入少許油，倒入蔥白和蒜末，開中火爆香，待聞到香氣後加入蔥綠，翻炒約 10 秒。

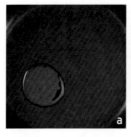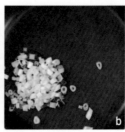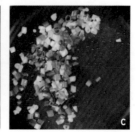

4 加入蛤蜊和米酒，蓋上鍋蓋燜煮至蛤蜊全開。

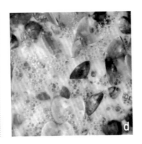

5 打開鍋蓋，倒入薑絲和奶油再煮 5 秒熄火。

6 盛盤後擠入些許檸檬汁即完成。

 TIPS

- 縮短烹調時間，可讓蛤蜊的肉質飽滿又多汁。
- 喜歡重口味或愛吃辣的朋友，可加辣椒末一起爆香或酌加醬油。
- 米酒用清酒取代會更偏向日式風味。
- 湯汁可淋在飯上變成茶泡飯。

recipe

泰式涼拌雞絲

🥄 示範│塔咪的生活狂想曲 塔咪

人生當中總會碰上幾次這樣的時期：「我要餐餐吃水煮雞胸肉加高麗菜瘦下來！」，導致家中主廚跟著碰到這樣的難題：「誰買一堆雞胸肉又不吃，佔空間！」讓我們用泰式的酸辣風味賦予雞胸肉新靈魂。高麗菜也能被徹底使用，成為完美配角，撕雞胸肉的活就交給嚷嚷想瘦的那位吧！最後淋上醬汁，瘦身的事先拋一邊。

材料

雞胸肉半塊 約 150g
高麗菜絲 150g
香菜 1 把（約 2 株）
碎花生 2 大匙
九層塔葉 1 大把
米酒 1 大匙

蒜辣魚露醬汁

蒜末 2 大匙
辣椒末 2 大匙
砂糖 3 大匙
檸檬汁 3 大匙
魚露 $2\frac{1}{2}$ 大匙

冷開水 5 大匙
香油 1 小匙

步驟

1　煮一鍋滾水倒入少許米酒及雞胸肉，以中火煮至再次沸騰後續煮5分鐘關火。以燜泡方式將雞肉燜熟，叉子能輕易插入雞肉內層，無血水滲出即為熟透。

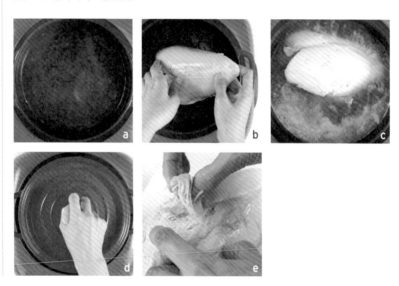

2　將熟透雞胸肉放涼後，用叉子或手撕的方式撕成絲狀備用。

3　高麗菜絲洗淨以冰水冰鎮後瀝乾備用。

4 將所有醬汁調味料、香菜末及九層塔葉拌勻。

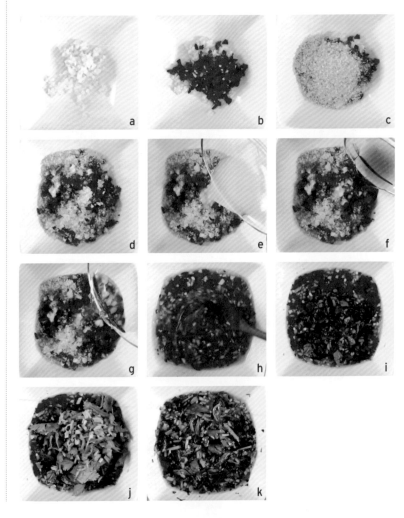

5 高麗菜絲鋪滿於盤
上，放上雞絲，並
淋上調好的酸辣魚
露醬汁。最後再撒
上碎花生即完成。

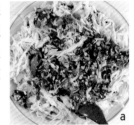

recipe

孜然牛肉小魚花生

🥄 示範｜**幸福365家常料理** 胖仙女

　　夏日夜晚就是要喝著啤酒配著小菜。這道乾杯料理是時候端出來炫耀了，正是孜然牛肉小魚花生。三五好友坐在陽台數著星星聊著是非，享受些微麻辣與奔騰酒精刺激味蕾，帶點嚼勁的牛肉小魚干與花生是絕配夥伴，乘著孜然風味遨遊大漠，再望望身邊與你同坐暢聊的好朋友，收拾收拾平日的疲勞，人生就是如此，一口酒一口菜，一起好味一起乾杯。

🍳 材料

牛肉絲 200g	米酒 1 小匙	孜然粉 1 大匙
辣椒 1 根	醬油 1 小匙	鹽 $\frac{1}{2}$ 小匙
丁香小魚 20g	白胡椒粉 1 小匙	砂糖 $\frac{1}{2}$ 小匙
去皮花生 50g	花椒粒 1 大匙	沙拉油 2 大匙

🍳 步驟

1　辣椒切末。牛肉絲以米酒、醬油及白胡椒粉醃 10 分鐘。

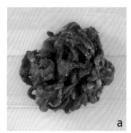

2　熱鍋放 2 大匙的油，加入花椒粒，炒至香味出來。

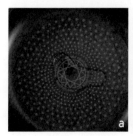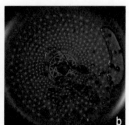

3 再放入辣椒末及醃過的牛肉絲翻炒，加入孜然粉炒至水分收乾。

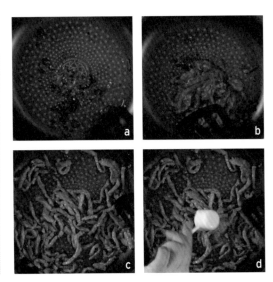

4 最後放入花生、小魚、鹽及糖，翻炒均勻即可起鍋。

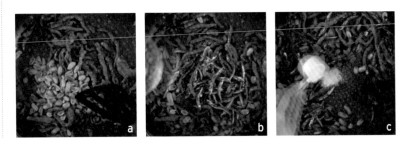

 TIPS

- 吃不完可冷藏起來，食用時不必再加熱。
- 不喜歡孜然粉的味道，可以不加或換成自己喜歡的香料。

recipe

醬油脆瓜

🥄 示範│ㄚ曼達的廚房 ㄚ曼達

　　早期一支台詞轟動全台的醬瓜廣告，導致那陣子流行喊自己另一半：
老欸。醬油脆瓜不只吃素的日子配粥適合，還能變化出各種超下飯的瓜
仔料理。不喜歡罐頭食品的朋友們別擔心，醬油脆瓜完全可以在家自己
做，沒有多餘的添加物，想吃多少醃多少，冷藏兩天就能享受。

材料

小黃瓜 3 根　　醬油 100g　　白醋 30g
鹽 1 大匙　　　砂糖 100g

步驟

1 小黃瓜去頭尾，切約 1 公分厚。將小黃瓜用鹽拌勻，放半小時後，倒掉苦水，用冷開水清洗兩次。

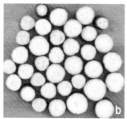

2 把醬油、糖、醋用小火煮至糖化。

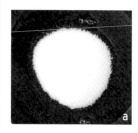
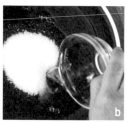

3 再開中火煮至沸騰，倒入小黃瓜煮約 2 分鐘。撈出將小黃瓜攤開放涼，待湯汁涼後即可裝瓶。兩天後即可食用。

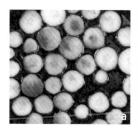
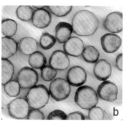

recipe

竹笙秋葵

🥣 示範｜親子烹飪教養家 Amanda

　　保證吃起來清爽美味的精緻料理報到，新鮮秋葵與竹笙合體後有了新的面貌，簡單有趣的備料步驟，拿竹笙包秋葵，孩子也能一起來。健胃食材的清爽組合就用臘肉來點睛，切成小丁與蒜末、蝦米炒得香噴噴地，再稍微勾點芡淋在蒸熟的竹笙秋葵上，臘肉丁淋醬帶出香氣，醬汁徹底被竹笙吸收並裹附在秋葵上，每一口都會讓人徹底愛上。

🍳 材料

秋葵 10 根　臘肉 2 根　　太白粉 適量　高湯 1 大匙　　沙拉油 2 大匙
竹笙 10 根　蝦米 1 大匙　大蒜 1 瓣　　香菜末 1 大匙

🍳 步驟

1 蝦米用溫水泡軟、竹笙用淡鹽水泡 10 分鐘，再換清水浸著備用。
臘肉切丁、秋葵去頭尾、大蒜切末。

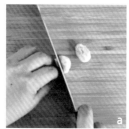

2 將泡發好的竹笙擠去多餘水分，切掉尾部的蒂頭，塞入秋葵，用
電鍋蒸，外鍋放 1 杯水。

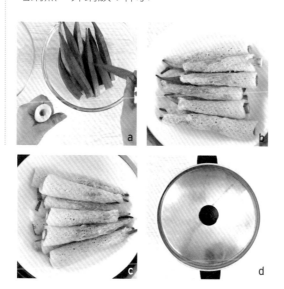

3 熱鍋下油，加入蒜末爆香，再加入臘肉丁及瀝乾的蝦米，用大火翻炒。

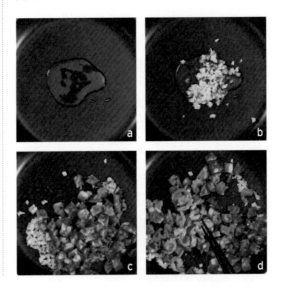

4 倒入高湯及混勻的太白粉水，微微收汁後即可熄火。最後將湯汁淋在蒸好的秋葵上，撒上香菜末即完成。

recipe

糖醋嫩薑

🍚 示範｜ㄚ曼達的廚房 ㄚ曼達老師

　　古早味料理雖樸實卻有許多前人的智慧，你我都曾經吃過，可能來自父母、巷口雜貨店、冰店，做法並不難，但凡事講求效率的我們可能嫌麻煩，更多的是無法放慢腳步。親自從挑選食材、清洗、備料直到完成，專心做好一件事情，何不從糖醋嫩薑開始讓自己慢活一下。

材料

嫩薑 300g　　二砂糖 150g　　水 150ml

鹽 1 大匙　　工研醋 150g

步驟

1 先將嫩薑分節，用湯匙逆向刮皮，再用清水洗淨，切成薄片或小塊狀。

2 撒上鹽巴，攪拌均勻，待 2 個小時後倒掉苦水。

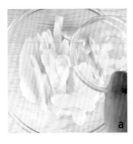
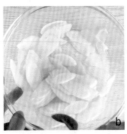
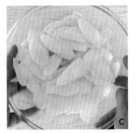

3 用白開水清洗，再泡入白開水 3 個小時。

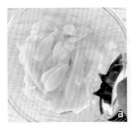
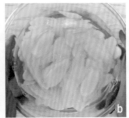

4 鍋內倒入水、砂糖及醋，煮至滾開後熄火，放置涼卻 。

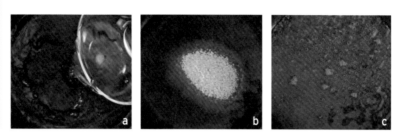

5 將瀝乾的嫩薑裝入玻璃瓶中，倒入糖醋水，冷藏 3 天即完成。

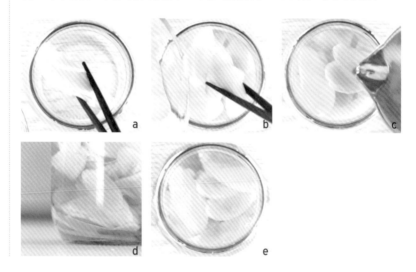

T!PS

- 挑選的嫩薑前端紅色部分越紅，辣度越高。

香拌小黃瓜肉片

示範｜塔咪的生活狂想曲 塔咪

涼拌料理的精髓所在就是醬汁，好吃的醬汁搭配新鮮食材的完美組合，輕鬆就能端出好菜上桌。這芝麻醬汁調得有夠好吃，五花豬肉片先以滾水燙熟一邊等，記得水中放薑片與米酒可以去腥味，小黃瓜切圓片不用太薄口感才會脆，肉片小黃瓜放入盤中，主角芝麻醬汁淋上去拌一拌，香氣四溢，筷子簡直停不下來。

材料

豬梅花火鍋肉片 150g
小黃瓜 1 條
白芝麻 少許
薑片 3 片
米酒 1 小匙

芝麻醬汁

蒜末 $\frac{1}{2}$ 小匙
蔥末 $\frac{1}{2}$ 小匙
芝麻醬 1 大匙
白醋 1 小匙

砂糖 $\frac{1}{2}$ 小匙
日式薄鹽醬油 2 小匙
辣油 $\frac{1}{4}$ 小匙

步驟

1 小黃瓜切成圓片。

2 將一鍋水放入薑片及米酒，待水滾後，將肉片汆燙至全熟，撈起備用。

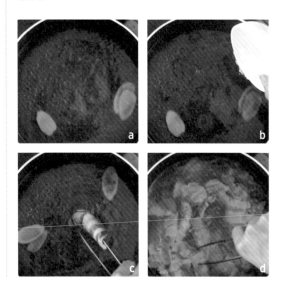

3 調製芝麻醬汁，把所有調味料加入蒜末、蔥末拌勻。熱鍋，白芝麻以乾鍋焙香。

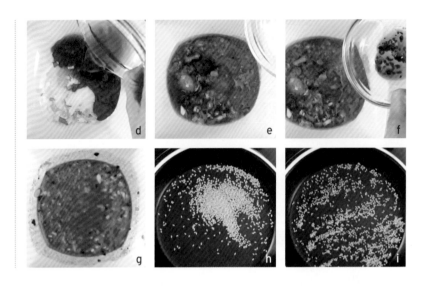

4　最後將小黃瓜鋪在盤底，擺上肉片，淋上芝麻醬汁，撒上焗香
白芝麻即完成。

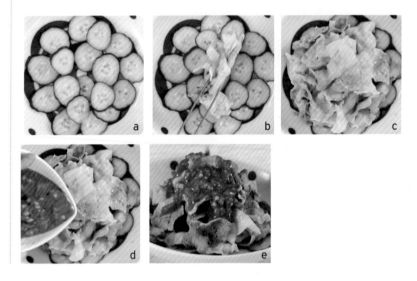

TIPS

- 建議梅花肉片解凍後切成 **3** 公分大小，會更好入口。

涼拌青木瓜絲

🥣 示範 | 塔咪的生活狂想曲 塔咪

　　講到青木瓜就會想到燉排骨吧！青木瓜的眾多營養成分對女性特別有益，但是今天不燉湯，清爽的涼拌一下青木瓜絲。涼拌青木瓜絲是很常見的南洋料理，酸酸辣辣的清爽滋味非常受大眾歡迎，配上青木瓜絲的營養功效，吃來清爽無負擔，感覺皮膚都變美了。吃到好吃的東西，心情也會跟著變美，這麼棒的料理還不快快收錄起來。

🍲 材料

青木瓜 1/2 個（約 450g）
九層塔葉 1 大把
碎花生 1 大匙

醬汁

魚露 2 大匙
醬油 2 小匙
砂糖 2 大匙
檸檬汁 2 $\frac{1}{2}$ 大匙

冷開水 2 大匙
蒜末 1 大匙
辣椒末 1 大匙
香油 1 小匙

1 青木瓜刨絲、大蒜及辣椒切末、九層塔葉切末或切絲備用。

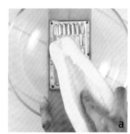

2 將所有醬汁的材料攪拌均勻。

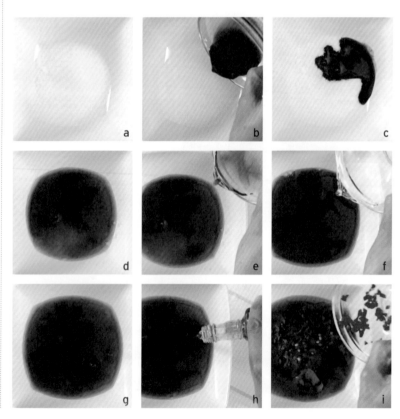

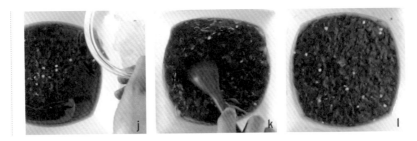

3 空碗倒入青木瓜絲、九層塔葉末及醬汁混勻，冷藏 1 小時入味。

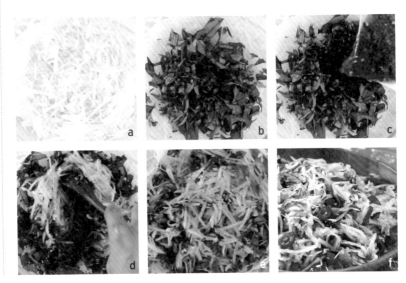

4 食用前，撒上些許碎花生即完成。

香烤蘆筍肉捲

🥄 示範｜塔咪的生活狂想曲 塔咪

　　蘆筍是袪燥養生又防癌的常見蔬菜。常見的吃法之一就是用培根捲起來烤，但是這一次我們要採取更好吃的做法，取代培根的是豬肉薄片。新鮮的五花豬肉片稍微醃過後，把青翠多汁的蘆筍捲起來，為了讓口感更棒，裹上麵包粉輕放、撒粉、壓實，最後只需要送入烤箱等待幾分鐘，香酥的烤蘆筍肉捲出爐。

材料

大蘆筍 6 支
豬梅花肉片 10～12 片
麵包粉 60g

醃料

醬油 2 大匙
味醂 2 大匙
米酒 2 大匙
二砂糖 1 小匙
雞蛋 1 個

芝麻醬汁

芝麻醬 1 大匙
白醋 1 小匙
日式醬油 2 大匙
細砂糖 1 小匙
蒜末 $\frac{1}{2}$ 小匙
蔥末 $\frac{1}{2}$ 小匙
辣油 $\frac{1}{4}$ 小匙

步驟

1 將所有醃料攪拌均勻。

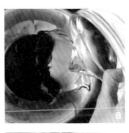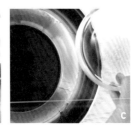

2 將肉片放入醃料中，醃約 10 分鐘。

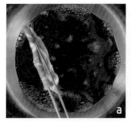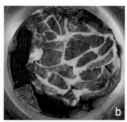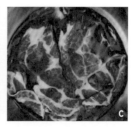

3 蘆筍洗淨後，削除底部與較粗纖維。

4 取醃好的肉片 1 ～ 2 片，從蘆筍底部捲至完整包覆，再均勻裹
上一層麵包粉，捏緊至貼附蘆筍肉捲。

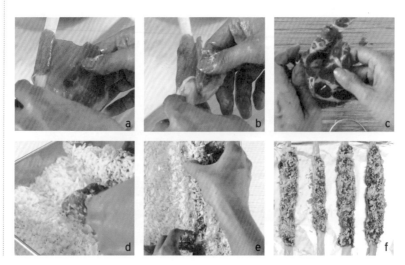

5 放入預熱的烤箱，以 **180**℃ 烤 **15** 分鐘呈現金黃色。

6 調製芝麻醬汁，把所有調味料加入蒜末、蔥末拌勻。最後將烤好的蘆筍肉捲，淋上芝麻醬汁即完成。

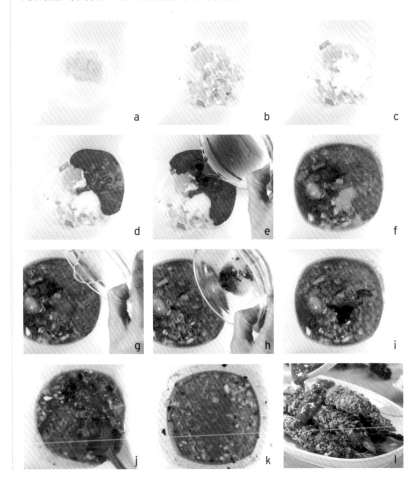

TIPS

- 步驟 **6** 的辣油可依個人喜好，斟酌添加食用。

recipe

涼拌苦瓜

🥄 示範｜**幸福 365 家常料理** 胖仙女

　　對於苦瓜這個人人稱讚營養好的蔬菜你是否也喜歡呢？很多人都是小時候不愛長大超愛，先苦後甘的絕妙滋味要成熟了才懂。夏秋盛產的苦瓜隨著氣候有各種做法，今天的涼拌說不定連孩子都會喜歡喔，酸酸甜甜的有如蜜餞，沒想到鳳梨、紫蘇梅和苦瓜這麼對味，大推薦！做為輕食沙拉也非常適合，就算做一大盤也會不知不覺就吃完。

材料

苦瓜 1 條　　　紫蘇梅 約 10 顆　　　砂糖 1 大匙

鳳梨 $\frac{1}{4}$ 個　　　紫蘇梅醬 4 大匙

步驟

1 苦瓜剖半,去籽與白膜後,再切薄片、鳳梨去芯後切小塊。

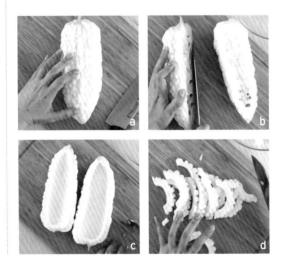

2 準備滾水將苦瓜汆燙一下,取出瀝乾。

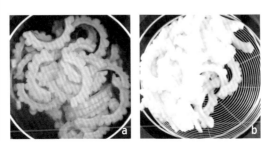

3 　將所有材料攪拌均勻，冷藏至少 1 天，入味即完成。

TIPS

- 苦瓜的白膜一定要去除乾淨，減少苦味。
- 避免食物生食，苦瓜需要先汆燙過。
- 冷藏半天後，可取出再攪拌過，讓苦瓜入味更均勻。

recipe

甜椒照燒肉捲

示範｜**幸福 365 家常料理** 胖仙女

　　小週末的夜晚就在家小酌一杯來放鬆。冰箱打開發現還有吃剩的火鍋肉片，還有買回幾天仍然遲遲未動的甜椒，下酒小菜馬上用它們來搞定。甜椒切成細長條，用肉片捲緊收口，熱油鍋後先將肉捲收口朝下煎至全熟，調好的醬汁下鍋一起讓肉捲均勻上色，再撒上白芝麻增香氣，鮮脆多汁的甜椒與五花肉口感超級搭。

材料

豬梅花肉片 10 片

紅甜椒 $\frac{1}{2}$ 個

黃甜椒 $\frac{1}{2}$ 個

白芝麻 適量

調味料

醬油 2 大匙

米酒 2 大匙

砂糖 1 大匙

步驟

1 將所有調味料攪拌均勻、甜椒洗淨去籽切條狀。

2 將肉片攤開，中間放置甜椒捲起，略為捲緊至收口在下方。

3 熱油鍋，將肉捲收口朝下放入，兩面肉煎到熟透。

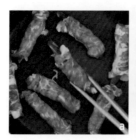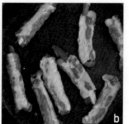

4. 倒入調好的醬汁，讓每個肉捲均勻裹附，撒上適量白芝麻即完成。

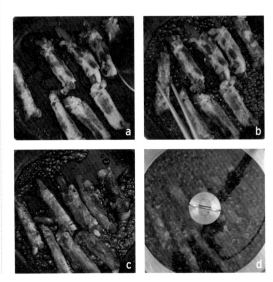

TIPS

- 煎的時候肉片收口要朝下， 避免肉捲散開。
- 可用其他蔬菜取代甜椒，只要快熟或可生食的蔬菜都適合，如青椒、小黃瓜、櫛瓜、蘆筍等。

recipe

三色蛋

示範｜丫曼達的廚房 丫曼達

喜歡雞蛋料理的朋友千萬別錯過，三色蛋雖然是一道常見的家常料理。但是要做到層次分明，各種蛋香融合是有小技巧的喔。看了老師的做法之後才恍然大悟，原來不是直接攪和各種蛋放下去蒸，鹹蛋與皮蛋需要先用電鍋蒸過再切丁，美美的擺好在容器裡，雞蛋的蛋黃與蛋白也得先分開後拌勻，分次的蒸才能做出美如糕點的三色蛋。

材料

雞蛋 6 個　　皮蛋 3 個　　鹹鴨蛋 3 個

步驟

1 蛋黃與蛋白先分離、皮蛋及鹹鴨蛋入電鍋蒸，外鍋放半杯水，蒸完後切小塊。

2 將蒸過的皮蛋及鹹鴨蛋平鋪在容器中，倒入拌勻的蛋白，入電鍋蒸，外鍋放 1 杯水。

3 電鍋跳起後，再將拌勻的蛋黃倒入，外鍋放 1 杯水繼續蒸，蒸好後，取出切片即完成。

recipe

涼拌杏鮑菇

🍳 示範│**蘋果愛料理** 蘋果

外食族是否時常懷念媽媽做的料理？做法簡單又不失清爽的涼拌菜，杏鮑菇蒸熟跟醬汁拌勻就完成了。剩下的高湯是菁華可別浪費，拌麵、煮蛋花湯、蒸蛋、炊飯都好，一菜兩用，不要再當廚房絕緣體了，就用這道涼拌步入料理人的世界吧！

材料

杏鮑菇 200g　　　昆布醬油 1 大匙　　　香油 1 小匙
高湯 400ml　　　烏醋 1 大匙　　　　　香菜 1 株

TIPS

- 杏鮑菇切成滾刀塊，口感會更 Q 彈多汁。
- 保留的杏鮑菇高湯鮮味十足，可拿來拌麵、煮蛋花湯、蒸蛋、湯麵、燉飯、炊飯等都非常美味。

步驟

1 　將杏鮑菇切滾刀塊。把切好的杏鮑菇和高湯放入容器中，入電鍋蒸，外鍋放 1 杯水，蒸好後撈出杏鮑菇，高湯保留。

2 　取一空碗放入杏鮑菇、昆布醬油、烏醋、香油和香菜拌勻即完成。

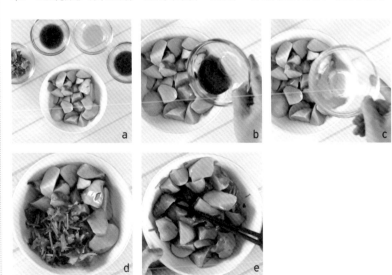

recipe

涼拌黑木耳

🥣 示範 | 安木白。Amber

今天的主角黑木耳有豐富的膳食纖維，你也喜歡吃嗎？好處多多的黑木耳又稱雲耳，具有補氣、潤肺止咳、抗凝血等作用，而且涼拌黑木耳其實一點也不難哦。薑末、蒜末、辣椒片重要的調味比例搭配脆口的黑木耳，帶出爽口好味道。冷藏兩小時，撒上芝麻粒，口感提升，低卡無負擔的清爽好滋味保證一上桌就能讓全家人一掃而光。

🥣 材料

新鮮黑木耳 300g
蒜末 1 大匙
薑末 2 小匙
辣椒 1 根
白芝麻粒 1 小匙

調味料

白醋 $1\frac{1}{2}$ 大匙
二砂糖 $2\frac{1}{2}$ 大匙
鹽 1 小匙
芝麻油 1 小匙
醬油 2 大匙

🍳 步驟

1 黑木耳洗淨瀝乾，蒜頭、薑切末，辣椒切片備用。

2 黑木耳放入滾水汆燙一下，撈起後立刻放入冰水冰鎮。

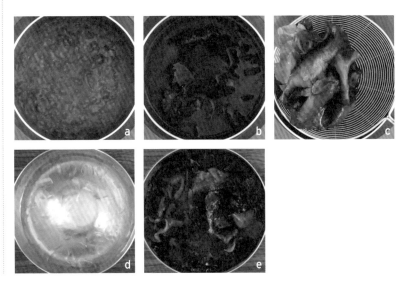

3 黑木耳冰鎮後瀝乾，用手將黑木耳剝成小塊，放入薑末、蒜末、
辣椒片及所有調味料攪拌均勻。

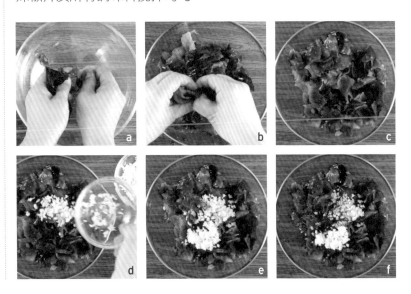

4 放入冰箱冷藏 2 小時，上桌前撒上白芝麻即完成。

TIPS

- 辣椒用量可視個人喜好酌量添加。
- 黑木耳汆燙時間不用太久，撈起後即刻入冰水冰鎮可讓口感更脆。

recipe

櫻花蝦泡菜煎餅

示範│塔咪的生活狂想曲 塔咪

　　下雨天的時候特別想吃煎餅,搭配窗外的雨聲,切菜備料別有番風情。
就來做泡菜煎餅,當下午茶點心或是喝一杯都合適。調好的麵糊放入泡
菜、菇類跟韭菜拌勻,櫻花蝦先用平底鍋煸香,重頭戲就是將煎餅麵糊
倒入平底鍋中,在鋪平的煎餅麵糊撒上煸香的櫻花蝦,聽中火慢煎的煎
餅在鍋中滋滋作響,綿綿雨天享受親手料理後的大快朵頤,感受另一種
雨天的寧靜滋味。

材料

雪白菇 25g	中筋麵粉 75g	**蘸醬**
鴻喜菇 25g	玉米粉 $\frac{1}{2}$ 小匙	辣椒末 1 大匙
櫻花蝦 8g	水 100ml	蒜末 1 大匙
韭菜 2 ～ 3 支	鹽 $\frac{1}{4}$ 小匙	蔥末 1 小匙
韓式泡菜 100g	二砂糖 $\frac{1}{4}$ 小匙	醬油 5 小匙
辣椒 2 根	沙拉油 2 大匙	細砂糖 1 小匙
雞蛋 1 個		白醋 $\frac{1}{2}$ 小匙

步驟

1 雪白菇、鴻喜菇切細丁,辣椒切絲、韭菜切段成 2 ～ 3cm、泡菜切小片點,蛋先用空碗打散。將所有蘸醬材料攪拌均勻備用。

2 將水、蛋液、中筋麵粉、玉米粉、鹽、糖攪拌均勻,再加入鴻喜菇、雪白菇、韭菜段、辣椒絲、泡菜拌勻完成麵糊。

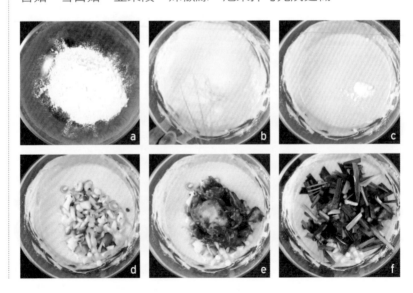

3 取一平底煎鍋，倒入些許油，將櫻花蝦煸香後盛出備用。視鍋中餘油狀況，可再加入少許油，倒入麵糊，使麵糊均勻佈滿鍋面，撒上煸香櫻花蝦。

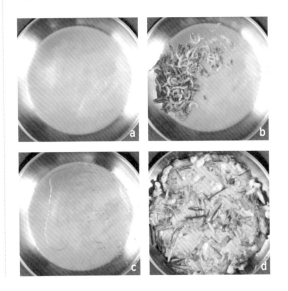

4 以中火加熱至底部呈金黃色定型後再翻面，翻煎至兩面皆呈金黃即完成。

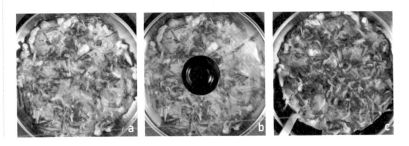

 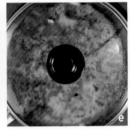

5 完成後可直接吃或蘸醬吃都可。

台式泡菜

🥄 示範│安木白。Amber

　　高麗菜盛產的季節做泡菜最棒了。在市場挑顆肥美的高麗菜，回家剝一剝，撕成適當的大小，加鹽醃出水後才放入美味醃泡湯汁，記得出水後先用冷水洗淨口感更脆。醃泡湯汁加入蜂蜜和酸梅是小秘方，請務必試試，酸而不嗆，甜而不膩，超爽口台式泡菜現身，再搭上名聞遐邇的酥炸臭豆腐，這樣的道地美味連老外也喊讚！

材料

高麗菜（去芯）1顆（約1700g）

胡蘿蔔1根

鹽3大匙

大蒜15瓣（選大瓣的）

辣椒1根

醃泡湯汁

水600ml

糯米醋300ml

冰糖（白砂糖）300g

蜂蜜60g

酸梅12顆

步驟

1 高麗菜去芯，用手剝成小片洗淨，紅蘿蔔切絲、辣椒切片、大蒜切末。

2 將醃泡湯汁的材料放入湯鍋開火煮滾後即可熄火放涼備用。

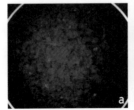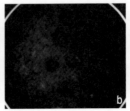

3　一顆完整高麗菜可分成三袋裝，袋中先放入部分高麗菜再加 $\frac{1}{3}$ 大匙鹽，再放高麗菜再放鹽，此步驟重覆三次，結束後將袋子口綁緊約待 1 小時，其間可不時搖晃均勻。

4　出水完成後，高麗菜用冷開水沖洗後瀝乾備用。

5　取要醃漬泡菜的空瓶，放入部分高麗菜於瓶內，再放上部分紅蘿蔔絲、辣椒、蒜末、酸梅，重覆此步驟幾次，最後淋入醃泡湯汁封蓋即完成。

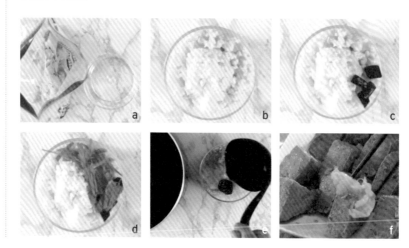

TIPS

- 高麗菜先用鹽醃出水，可以確保泡菜口感更脆。
- 醃泡湯汁中加入酸梅和蜂蜜能讓泡菜的口感風味更好、更有層次。
- 若家中沒罐子也可用塑膠袋或密封袋，封口一定要封緊避免湯汁流出。

recipe

涼拌馬鈴薯薄片

🥄 示範│親子烹飪教養家 Amanda

　　馬鈴薯無論是蒸煮炒炸，甚至烤都好吃，處理成薄片加以調味涼拌更是絕讚！覺得切薄片太難？只要用削皮刀就可以快速完成，是不是非常簡單，不但漂亮口感也佳。煮熟後薄片呈現半透明狀，再以冰水降溫，調味料隨喜好增減調配，薄片與醬料攪拌均勻再灑上香菜超美，保證好吃！做開胃小菜或下酒兩相宜，準備起來好簡單，務必試試看。

🍳 材料

馬鈴薯1個（大）	蔥末1大匙	鹽1小匙
香菜1小把（約2株）	蠔油 $1\frac{1}{2}$ 大匙	白砂糖 $\frac{1}{2}$ 大匙
小米辣椒2個	白醋 $\frac{1}{2}$ 大匙	香油2小匙
蒜末1大匙	辣椒油1大匙	

🍳 步驟

1 馬鈴薯去皮削成薄片，再用清水洗去澱粉讓口感更脆，蔥、蒜、辣椒切末備用。水滾放入馬鈴薯薄片，水再次煮滾待1分鐘後，呈透明狀即可關火。

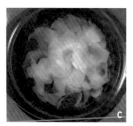

2 將馬鈴薯薄片放入冰水中降溫後撈出瀝乾。

3 | 加入蒜末、小米辣椒末、蔥末、香菜、白醋、蠔油、白砂糖、鹽、
辣椒油及香油與馬鈴薯薄片一起攪拌均勻即完成。

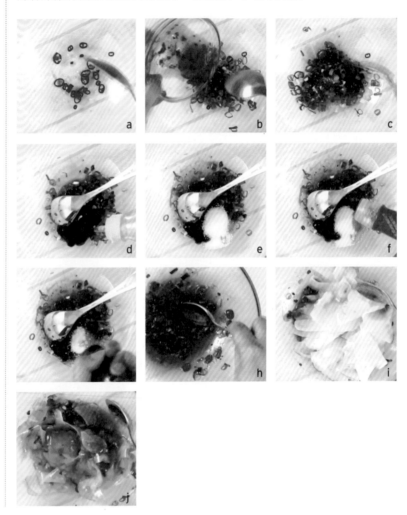

TIPS

• 所有調味料都可依個人喜好酌量添加。

日式炸雞

🥄 示範｜幸福 **365** 家常料理 胖仙女

　　日式料理除拉麵外，同樣受歡迎的就是炸雞。吃拉麵的時候點一盤炸雞配著吃，又酥又嫩又多汁。起鍋後滴上幾滴檸檬汁或撒上些胡椒粉，原本酥嫩雞腿肉又添了爽口的滋味，搭配清涼啤酒，微風徐徐，好友相揪，唐揚雞配冰啤酒，晚上私家居酒屋再度開張，歡迎光臨。

🍲 材料

去骨雞腿 400g　　　太白粉 8 大匙　　　醬油 2 大匙　　　鹽 $\frac{1}{2}$ 小匙

薑泥 2 大匙　　　　　白胡椒鹽 適量　　　清酒 1 大匙

🍳 步驟

1　磨 2 大匙量的薑泥，雞腿肉切塊。

2　雞腿肉加入薑泥、清酒、鹽及醬油拌勻醃 15 分鐘入味，再均勻
　　裹上太白粉。

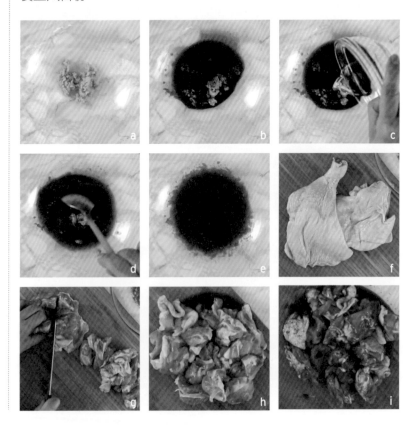

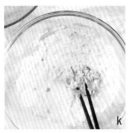

3 　鍋中油熱後再下雞肉塊，炸至熟透呈現金黃即可起鍋。

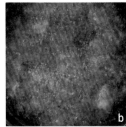
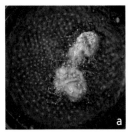
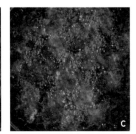

4 　食用前撒上白胡椒鹽即完成。

TIPS

- 雞肉裹粉後需靜待約 **3** 分鐘至反潮再油炸，粉跟肉才不易分離。
- 如果要雞肉外皮酥脆、含油量少，建議可用高油溫回炸 **30** 秒。
- 家中若無清酒可用米酒取代。

recipe

麻香豆干

示範 | 丫曼達的廚房 丫曼達

擔當一個稱職下酒小菜的必要條件是好吃、快速、好簡單。麻香豆干完美的符合了這三個條件，是沒下過廚的人都會感動的那般簡單，好吃更是不用說，連賣相都是一百分。豆干切片熱水滾五分鐘後瀝乾，再拌入麻油、醬油膏、紅辣椒與香菜，啤酒才剛打開，香辣順口的下酒好菜就上桌啦！

材料

五香小豆干 10 片　　胡麻油 1 大匙　　辣椒丁 $\frac{1}{2}$ 小匙
香菜 1 大把　　　　醬油膏 3 大匙

步驟

1 先將豆干切片,滾水中煮 5 分鐘。

2 水分瀝乾,趁熱倒入醬油膏、胡麻油、辣椒及香菜。攪拌均勻後,可直接食用或冰箱冷藏。

我很享受下班後回家自己準備晚餐

跟大多數女生一樣，我喜歡拍照、逛街與旅行，說起我的興趣是什麼？我想應該就是享受美食了吧，不管是小吃、餐館還是異國料理，只要是好吃的食物我都愛，後來漸漸覺得，為什麼不動手自己煮煮看呢？於是，憑著從小在家當媽媽小幫手的那種幼幼班廚藝，開始踏上了我的煮婦人生。

其實，跟大多數人一樣，我是個忙碌的上班族，平常下班後回家還要趕著煮飯當然會累，但其實這個準備晚餐的過程，卻是我一整天最紓壓的時刻（偷偷說，我非常喜歡一邊聽音樂一邊煮菜）。然後跟溫尤一邊聊著今天發生的事情，一邊吃著我親手煮的家常晚餐，這是我一整天最期待的時刻。所以啊，我很享受下班後回家自己準備晚餐這件事，但是又礙於時間有限，於是呢，就開始研究一些簡單、快速又下飯的菜色，當然也要兼顧所謂的「色香味」俱全。另外，我們也很常請朋友來家裡吃飯，這種時候，我最喜歡做的就是那種看起來很難、做起來很簡單、端上桌又嚇死人的宴客菜（強力推薦「米嵐繽紛紙包魚」），或者是準備我們家的特色料理「醋溜馬鈴薯」請朋友嘗嘗，保證朋友們會對煮婦（夫）獻上崇拜的眼神。

總之，不管你是零廚藝的廚房新手，或是想要展現廚藝的人妻，又或者純粹只是想要自己動手煮個菜，希望都能藉由我的食譜，讓大家可以輕鬆下廚、快速上菜、愛上廚房。

小人妻大本事 米嵐

用手機做好接下來的煮食規劃

我的廚房，每天因應著各種需求，三餐、孩子的便當、先生的便當，還有數之不盡的烘焙點心，在下午茶或是飯後時光為家人帶來更多的愉悅。

偶有三五好友來訪辦趴，訂下如日韓料理趴、熱炒趴的主題；或是每年大年初二回娘家日，為了表達對媽媽和姊姊們的感恩，一定會為十多位家人獻上滿滿一桌年菜。下廚這件事，在我家除了是美好的情感連結，更考驗著煮婦的智慧。

廚房生涯二十年，練就我可以快速出好菜的功力。雖說日日是家常，但餐桌上的菜餚必須符合每個人的需要，成長中的孩子、下班後需要療癒一天辛勞的老公，以及進行低醣飲食的自己，一定要有時常變化的創意。

不管是過去上班加上頻繁出差，或是現在自由工作的超級忙碌生活，朋友總會問我，為什麼你有時間下廚，還做了麵包、蛋糕，連中秋月餅都自己來？

我覺得時間的管理運用很重要，比方我會趁搭車的時間用手機做好接下來煮食的規劃，包括要買什麼菜、在哪裡買、家裡剩了什麼食材可以做配搭、什麼先醃起來、什麼又是到時候製作即可、要用什麼樣的鍋具烹煮……。

除此之外，最重要的就是在比較空閒的時間製作常備菜、熬煮高湯冷凍起來、醃漬小菜、將各類食材處理好真空冷藏等等，這些動作看起來好像很麻煩，事實上也不需要另外空出一段時間，只要製作正餐的時候再多花一點時間進行上面的一項小動作，累積起來就很可觀。

當全家玩到很晚回到家，肚子餓得要命又累到不行，快速來一鍋有菜、有肉的烏龍麵，或是颱風菜價飆漲，或買不到什麼菜又得幾菜一湯的時候，就可以嘗到甜頭，慶幸還好平常在廚房做足準備工作。

在廚房，我相信平日的累積、練習不但好玩，而且一定有它的收穫。只要利用一些小巧思，其實做菜一點也不難！

幸福 365 家常料理 胖仙女

家人掃光佳餚就是煮婦最大的肯定

　　婚前、嫁為人妻、成為人母的前些年，仗著有廚藝精湛的媽媽與婆婆，料理之於我，幾乎只是端上餐桌的現成佳餚。直至搬家，開始小家庭的生活，接著又卸下工作，才正式手持鍋鏟乖乖下廚。在鍋碗瓢盆的煮食時光裡，一家子都被婆婆媽媽慣壞的吃貨，過慣了茶來伸手、飯來張口的日子，老木我除了慨歎當初為何不好好跟婆婆媽媽學料理，卻也只能自立自強，想辦法趕緊跟上進度來「款待」家裡一大兩小的刁嘴。

　　相較於以往傳統料理主要以「人」口耳相傳、手作親授來傳承，幸運的是身處資訊發達的現代社會，想學料理，除了有平面的各家食譜書可參閱，更有 3C 網路多元料理媒體平台可參考，而且內容不只傳統的台式料理，更涵蓋各國多元的美味料理，只要稍加研讀、演練、實際料理操作，加上三不五時的隨興發想，老木發現料理非難事，一次次的廚房演練、一道道料理上桌，家人掃光佳餚就是煮婦最大的肯定。於是乎，老木竟也成就了專屬於自己的「媽媽味」，信手拈來也能自信說出、做出一些專屬自己的常備菜餚。

　　喜悅之餘，也樂於跟大家分享自己的實作料理心得，很開心與「台灣，你好！」開發的「天天好味」單元合作，能將自己平時在家的手做料理，透過專業的攝影團隊拍攝製作、文案的流暢編纂，以美麗的畫面分享給大家，也希望透過分享，讓大家更能輕鬆解讀料理，做出道道美味佳餚。

塔咪的生活狂想曲 塔咪

PART 2

下飯常備菜

recipe

韓式五花肉

示範｜小人妻大本事 米嵐

　　想來一杯的夜晚，五花肉最讚！試試這道好簡單的韓式風味下酒菜。五花肉先泡米酒，再用鹽上上下下按摩一遍，肉下鍋了要靜靜的等待，抓住香氣四溢、金黃乍現的時機，萬眾期盼一個華麗「翻身」，酥脆金黃油脂欲滴，五花肉＋韓式辣醬＝要命的下飯組合，連平底鍋都興奮了起來，香氣瀰漫。糟糕！今晚除了啤酒三罐……白飯是不是也得準備三碗？

材料

豬五花肉 1 條（300～500g）　　鹽 1 小匙　　　　　　沙拉油 1 大匙
米酒 2 大匙　　　　　　　　　　韓式辣醬 1 大匙

步驟

1　五花肉兩面加米酒、鹽，塗抹均勻。

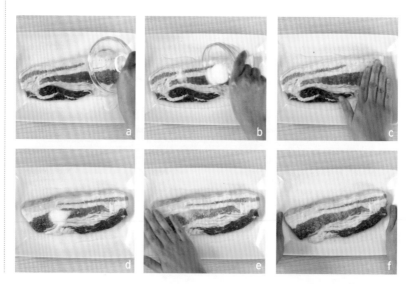

2　起鍋，開中小火，放油 1 大匙，五花肉兩面煎至焦黃後取出。

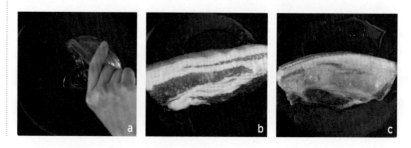

88

3　五花肉切成約1公分寬的條狀，再放回鍋中，繼續煎至每一面都
焦黃。

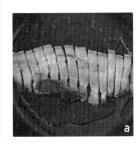
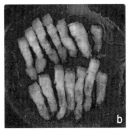

4　肉煎至每面焦黃後，加入韓式辣醬1大匙，拌炒均勻即完成。

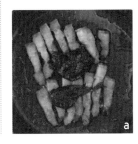
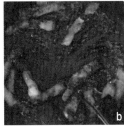
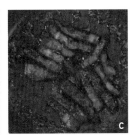

5　擺盤時撒上一點白芝麻口味更香。

recipe

暖心三杯雞

🥣 示範｜**幸福 365 家常料理** 胖仙女

麻油的香，勾起正港台灣郎的味蕾，熟悉的味道，眼角都想默默泛淚，聽過薑還是老的辣吧！就是這個意思。老薑搭配麻油，那撲鼻的本土味簡直讓人要崩潰。熟悉的香味讓你流連忘返，甩不掉這感覺，十足的台灣味瀰漫整個空間，最後一把九層塔下鍋拌炒，一道台味十足的三杯雞抓住食者的心和胃。

🍳 材料

去骨雞腿 2 支（約 600g）　　辣椒 $\frac{1}{2}$ 根　　米酒 2 大匙

薑片 8 片　　九層塔葉 1 大把　　醬油 2 大匙

大蒜 約 6 瓣　　麻油 2 大匙　　砂糖 1 大匙

步驟

1 雞腿切小塊、薑切薄片、大蒜去皮不用拍碎、 辣椒切丁。九層塔洗淨,取葉子,梗不要。

2 起鍋放入麻油、薑片、蒜瓣和辣椒丁炒香。

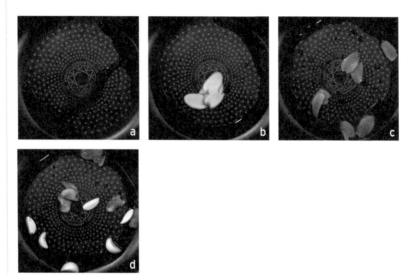

3 切好的雞肉放入鍋中稍微翻炒,下米酒轉小火,蓋上鍋蓋,讓雞肉燜煮約 3 分鐘。

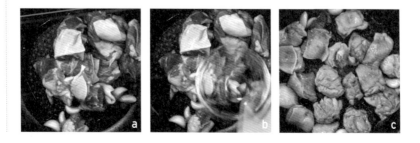

4 加入醬油和糖翻炒,開始慢慢收汁,持續翻炒讓每塊雞肉均勻裹上醬汁。快收汁完成時,醬汁會變得濃稠,記得要再翻炒一下。

5 最後放入九層塔葉稍微拌炒一下即完成。

recipe

紫蘇秋刀魚

示範 | 幸福 365 家常料理 胖仙女

　　想到便宜又營養的海鮮非秋刀魚莫屬。天氣漸漸轉熱想要來點開胃料理時，紫蘇秋刀魚會是非常棒的新選擇。到市場挑幾尾鮮美的秋刀魚，今天的晚餐，就用這道來小試身手。瓦斯爐沒空沒關係，開始只需烤箱處理，先烤熟秋刀魚，稍後調味才是重頭戲。紫蘇醬和醬油等煮出開胃的酸甜醬汁，在小火中讓秋刀魚與醬汁融合在一起，放上新鮮的紫蘇葉給家人一道驚喜。

材料

秋刀魚 3 尾
薑片 4 片
紫蘇梅醬（含紫蘇梅）100g
日式醬油 1 大匙
砂糖 1 大匙
高湯 150ml

步驟

1　秋刀魚洗淨後切成三段，再以廚房紙巾擦乾表面。

2　烤盤舖上一張烘焙紙，將秋刀魚放上去，以 200℃ 烤 15 分鐘，再翻面烤 15 分鐘後取出。

3　起鍋放入紫蘇梅、紫蘇梅醬、日式醬油、糖、高湯及薑片。

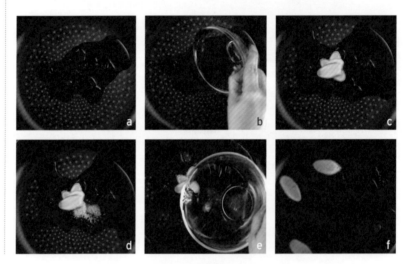

4　燒開後轉小火，放入剛烤好的秋刀魚，煮至入味收汁即完成。

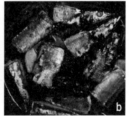

TIPS

• 高湯可以用水取代。

recipe

炸蛋蒼蠅頭

🥣 示範｜**小人妻大本事** 米嵐

　　據說蒼蠅頭可是正港的「台菜」。老闆因為捨不得廚房切剩的韭菜浪費，便搭配肉末和豆豉研發出了這道料理，完全顯現出質樸、勤儉的台灣精神。這道菜也成功誘發更多料理人的靈感，炸蛋蒼蠅頭便是其中一例。用炸皮蛋搭配韭菜花做的蒼蠅頭，韭菜花更甜更脆，皮蛋炸過更 Q 更香，只需簡單的調味，皮蛋煎金黃，絞肉炒至變色，全體拌炒，這翠綠美味讓人食指大動，胃口全開。

材料

韭菜花 1 小把（約 130g）　　紅辣椒 2 根　　冰糖 1 小匙

豬絞肉 1 小碗（約 120g）　　大蒜 2 瓣　　鹽 $\frac{3}{4}$ 小匙

皮蛋 1 個　　米酒 2 大匙　　沙拉油 3 大匙

豆豉 15g　　醬油 1 大匙

步驟

1　豆豉用清水洗兩次，再泡水約 5 分鐘，可避免太鹹，煮的時候要把水瀝乾。

2　大蒜與辣椒切末，皮蛋去殼切丁（約 2cm 大小）、韭菜花去頭去尾切丁（約 0.5cm）。

3　起鍋，加油 3 大匙，下皮蛋翻炒，炒至每面金黃，加 $\frac{1}{4}$ 小匙鹽，拌炒後取出備用。同一鍋，油少許，下豬絞肉，炒到肉變白色，加大蒜、一半的辣椒、瀝乾的豆豉炒均勻。

4 接著加米酒、醬油、冰糖,炒至肉全上色。

5 加入步驟 3 的皮蛋、韭菜花、剩餘的辣椒炒勻,加入 $\frac{1}{2}$ 小匙鹽炒勻即完成。

TIPS

- 皮蛋先冷凍 30 分鐘再切,可避免蛋黃太黏稠不好切。
- 嗜辣者,可多放一些朝天椒。
- 韭菜熟得很快,不用炒太久,不然會出水、顏色也會不好看。

recipe

米嵐繽紛紙包魚

🥄 示範│小人妻大本事 米嵐

　　紙包魚據說是來自法國的家常料理，鮮魚與香草等食材用烘焙紙密封爐烤，讓所有的營養與鮮美都能被完整保留。食材的搭配，除了味覺也要考慮視覺，料理人會精心放置各種繽紛的食材，期望在開封的剎那給食者帶來驚喜。既然紙包魚游到了物產豐饒的台灣，小番茄、四季豆、萊姆、蛤蜊在紙包中來個台版山珍海味大合奏，試看看吧！這豔驚四座的繽紛好料理。

材料

鱈魚（大比目魚）1 片（300～400g）

洋蔥 約 $\frac{1}{4}$ 個

大蒜 2 瓣

蛤蜊 5 個

小番茄 6 個

四季豆 4 根

玉米筍 7 根

萊姆（或檸檬）1 個

鹽 $\frac{1}{5}$ 小匙

無鹽奶油 15～20g

橄欖油 1 大匙

米酒 1 大匙

百里香 $\frac{1}{4}$ 小匙

黑胡椒粉 $\frac{1}{4}$ 小匙

步驟

1　海鮮先處理洗淨、洋蔥切細絲、玉米筍對切、大蒜切片、小番茄對切、四季豆切段。

2　魚排兩面先用適量鹽、黑胡椒粉、米酒調味。

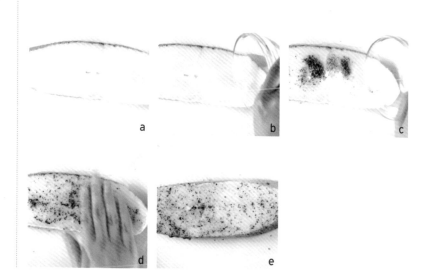

a
b
c
d
e

3 鋪一張約 **50cm** 長的烘焙紙，一半的範圍放料（另一半最後會對折上來），在放料的那一半撒些橄欖油，接著在橄欖油範圍內平鋪洋蔥絲，再放上調味好的魚排。

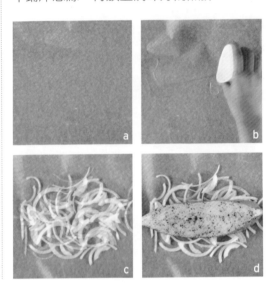

4 魚排上擺蒜片，玉米筍、四季豆放至旁邊，小番茄平均擺上，在所有食材上方撒一些鹽、黑胡椒粉、百里香。

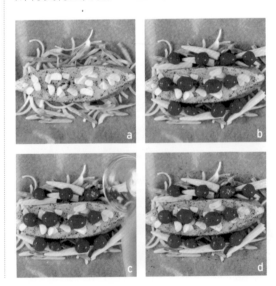

5 萊姆直接擠汁淋在步驟 4 材料上，擠完的萊姆直接擺入，放上奶油、新鮮蛤蜊，最後把烘焙紙包起來，要包好不能透風。

 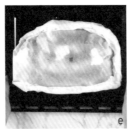

6 紙包魚放在烤盤上，進烤箱 200℃ 烤 20 ～ 25 分鐘。取出後，剪開烘焙紙，擠一些萊姆汁（或檸檬汁）在烤好的紙包魚上，再用新鮮香菜葉點綴即可享用。

TIPS

- 烤箱先預熱 200℃ 10 分鐘。
- 蛤蜊、玉米筍、四季豆、小番茄看個人喜好，放其他配料也行。
- 視魚排厚度來增減烘烤時間。

recipe

金沙魷魚

🥄 示範｜ㄚ曼達的廚房 ㄚ曼達

　　喜歡鹹蛋黃做的金沙料理嗎？那鹹香鹹香的金黃沙醬包裹住食材，豆腐、蔬菜、海鮮…都是絕佳伴侶。今天就讓阿根廷大魷魚與新鮮當季的南瓜，以酥炸之姿參與。鹹鴨蛋切的細碎，用蔥薑蒜炒得香香地，拌炒到香氣四溢，美味炸物便可入鍋一起料理，讓炸物被金沙的絕妙口感與香氣包裹，完成這美味度會讓人微醺的下酒料理。

材料

阿根廷大魷魚 1 尾

鹹鴨蛋 2 個

酥炸粉 200g

水 140ml

沙拉油 2 大匙

蔥末 $\frac{1}{4}$ 小匙

薑末 $\frac{1}{4}$ 小匙

蒜末 $\frac{1}{4}$ 小匙

金瓜 100g

步驟

1　將魷魚清除內臟，洗淨後切圈，金瓜切片。

2　酥炸粉加水與 1 大匙沙拉油調勻。

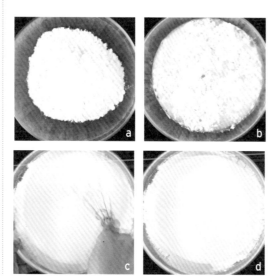

3 沾上麵糊的魷魚圈與金瓜片，在油溫 **160**℃的熱鍋中炸。

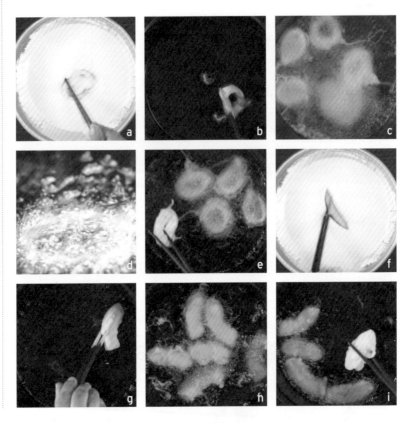

4 另起一油鍋，加 1 大匙沙拉油爆香蔥薑蒜末，再把切碎的鹹鴨蛋加入拌炒。起小泡泡後再倒入炸好的魷魚圈與金瓜片快速拌勻即完成。

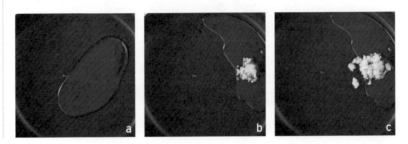

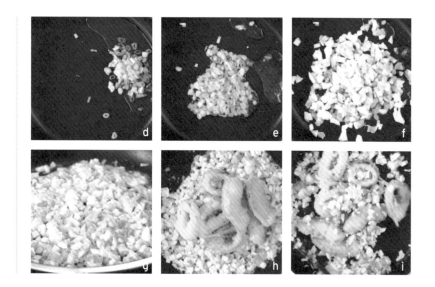

recipe

賽螃蟹

🥄 示範｜ㄚ曼達的廚房 ㄚ曼達

賽螃蟹是很適合向親友秀廚藝的料理，作法簡單還帶有典故。端上餐桌除了色香味迷人，還能當聊天素材。這充滿中國味的名稱來自清朝北京，為了讓慈禧能在北京即時吃到螃蟹，御廚以蛋白和魚肉來模仿蟹肉做出賽螃蟹，而賽螃蟹就是美味媲美真螃蟹的意思。請務必要試試看，跟著新鮮蛋黃一起享用簡直迷人透了。

材料

鱈魚（大比目魚）200g 蒜末 $\frac{1}{4}$ 小匙 米酒 1 小匙

雞蛋白 2 個 香油 $\frac{1}{2}$ 小匙 沙拉油 2 大匙

雞蛋黃 1 個 白胡椒粉 少許

薑末 $\frac{1}{4}$ 小匙 鹽 $\frac{1}{4}$ 小匙

步驟

1 鱈魚先放入電鍋，外鍋放半杯水蒸過後去皮去骨。

2 取一碗，將鱈魚肉加入蛋白以及調味料拌勻。

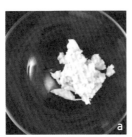
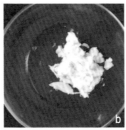

3 2 大匙油起一油鍋，薑蒜末下鍋爆香。然後把步驟 2 材料倒入快炒，要保持白色的色澤，不要炒焦。

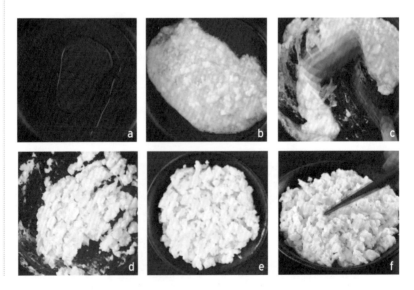

4　盛盤之後，在中間放上蛋黃，要吃前攪拌均勻即可。

TIPS

- 可搭配白飯享用，更是美味！

茄汁鯖魚

🥣 示範 ｜ ㄚ曼達的廚房 ㄚ曼達

　　茄汁鯖魚只吃過罐頭請舉手！雖然罐頭的也非常好吃，但是只要吃過現做的就回不去了。鯖魚是營養高、價格又經濟的海鮮食材。一般常見的料理方式為火烤或油煎，而新鮮現做、親自用茄汁燉煮的鯖魚，與罐頭完全是不同口味與口感。特別推薦喜歡鯖魚罐頭的朋友，燉煮越久越入味，調味也可根據個人喜好增減，看看自己手藝成果是不是比罐頭更棒呢！

材料

鯖魚一夜干1尾　蕃茄醬2大匙　米酒1大匙　沙拉油1大匙

紅蕃茄1個　砂糖1小匙　香油1小匙　水500ml

西洋芹2根　鹽1小匙　蔥段1支

步驟

1 鯖魚切片後切花、番茄切片、蔥切段、西洋芹切段。平底鍋加1大匙的油，鯖魚兩面煎至金黃取出備用。

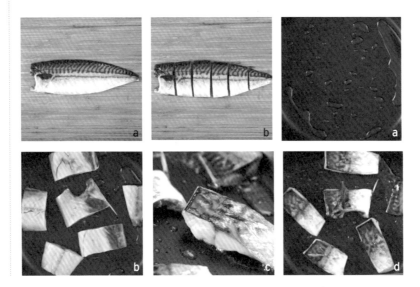

2 鍋內剩下的油炒番茄與蔥段。

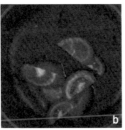
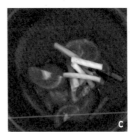

3 加入 500ml 左右的水與調味料、鯖魚、西洋芹,燜煮 40 分鐘即完成。

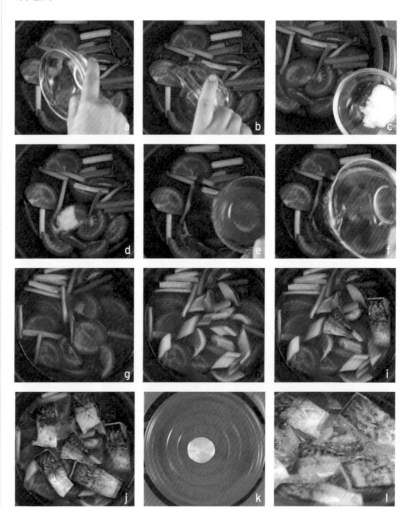

 TIPS

- 燜煮越久越入味,燜煮時間可以視情況增加,調味也可以視個人喜好調整。

花雕紅燒肉

示範 | **蘋果愛料理** 蘋果

　　花雕紅燒肉單憑香氣就足以讓人迷醉。花雕酒能讓紅燒肉的美味更上N層樓，吃過都說這是直奔 一〇一 大樓的等級。這樣的美味想擁有很簡單，不想燉煮太久則五花肉不要切得太厚，大小適中可保留紮實的口感又好入味。洋蔥、青蔥等蔬菜一起燉煮增添蔬菜甜，加入雪白菇適當的拌炒一下就完成。看看這紅燒肉的賣相，白飯記得別煮太少。

材料

帶皮豬五花肉 300g	洋蔥 1 顆	花雕酒 150ml
和風昆布醬油 1 大匙	雪白菇 1 包（約 100g）	水 450ml
香菇素蠔油 $\frac{1}{2}$ 大匙	蔥 1 支	

步驟

1 洋蔥對切後，逆紋切片。豬五花切條（約厚 1 公分、寬 2 公分）、雪白菇剝開、蔥切段。

2 取一湯鍋，將洋蔥鋪在鍋底，再鋪上豬五花，倒入醬油、蠔油、花雕酒、水（水要淹過肉）。

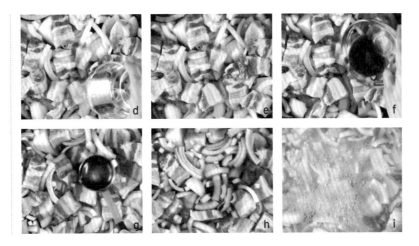

3 開大火煮滾後，蓋鍋蓋，轉中小火慢燉 30 分鐘。打開鍋蓋，
　放入菇類，再蓋鍋蓋燜 3 分鐘。

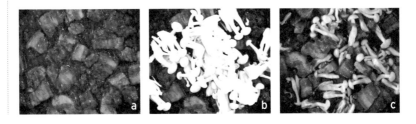

4 最後打開鍋蓋，用筷子拌炒，最後放入蔥段拌炒一下即完成。

TIPS

- 菇類在烹調過程會產生黏液，使醬汁更濃稠，紅燒肉吃起來更滑潤。
- 每款醬油的鹹度不同，份量請自行微調。

夾心小豬排

🥣 示範│蘋果愛料理 蘋果

　　利用火鍋豬肉片做出無油煙豬排料理,帶便當也很棒喔!想在家吃火鍋,去買菜最容易失心瘋了。火鍋吃完了,冰箱還有各種肉片剩料,用創意讓肉片變成多種口味夾心豬排。把喜歡的材料,海苔、起司、蔬菜與攤開的肉片一層一層堆疊,然後捲起沾蛋液,裹上麵包粉,以烤箱取代油炸,烤出外酥內嫩小豬排,擺盤上桌或帶便當都好吃又吸睛。

🍳 材料

豬梅花火鍋肉片 150g
和風昆布醬油 1 大匙
雞蛋 1 個
麵粉 100g
麵包粉 50g

內餡

海苔 1 片
起司片 1 片
蔥 1 支

🍳 步驟

1 肉片用醬油醃約 10 分鐘，雞蛋打散，蔥切段（長度為豬肉片可以包覆），起司片折半備用。取一肉片攤開平鋪，擇一內餡放上，再疊上一片肉片，折兩折疊成圓長方形。

2 依序沾麵粉、蛋液、麵包粉，放在鋪烘焙紙的烤盤上。

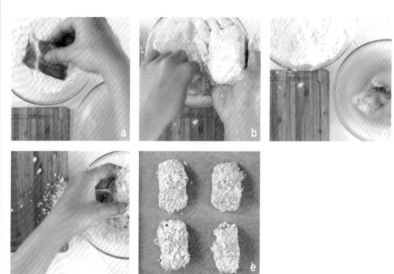

3 烤箱預熱 220℃，烤 15 分鐘即可（上下火全開，若有旋風功能就加旋風）。

TIPS

- 實際烘烤時間和溫度會隨各台烤箱而不同，可自行微調。
- 每款醬油的鹹度不同，可依喜好選用。

recipe

香菇瓜仔雞

🥢 示範｜塔咪的生活狂想曲 塔咪

　　雞肉煎香與香菇、蔭瓜炒出濃濃古早味，端出包準瞬間搶食一空。蔭瓜入菜總是能讓開胃指數馬上激升，是相當受歡迎的古早味醬菜之一，食慾不振的日子就用這道來開胃開胃。雞腿肉直接在鍋中煸香出油呈金黃色，以鍋中煸出的雞油爆香蔥薑蒜等，再加入雞肉、蔭瓜等食材翻炒均勻，倒入醬汁拌勻蓋上鍋蓋，約二十分鐘左右開蓋收汁就大功造成，雞肉口口軟嫩還帶著蔭瓜特有的甜與香。

材料

帶骨雞腿 1 支（約 550g）
香菇 8 朵
蔭瓜 3 條（約 80g）
胡蘿蔔 100g
大蒜 3 瓣
蔥 2 支
薑片 8 片
沙拉油 適量

醬汁

醬油 2 大匙
蠔油 1 大匙
水 150ml
砂糖 $1\frac{1}{2}$ 大匙
米酒 1 大匙
白胡椒粉 $\frac{1}{2}$ 小匙

步驟

1 蒜拍碎、蔥切末（蔥白、蔥綠分開），紅蘿蔔切塊、蔭瓜切片，雞腿肉切塊，香菇洗淨備用。

2 調合所有醬汁材料。

3 熱鍋不加油，雞肉帶皮面朝下以中小火煸香出油後再翻面，煎至雞肉呈金黃色即可取出備用。

4 視鍋中餘油狀態可再添油，放入薑片、蒜末、蔥白、香菇煸香。
放入雞肉、蔭瓜、紅蘿蔔翻炒均勻。

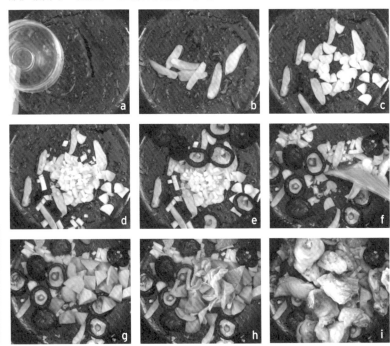

5 倒入醬汁翻拌均勻，中大火煮至大滾後轉小火，蓋上鍋蓋以小火燜
煮約 15 ～ 20 分鐘後掀蓋，開中大火，繼續翻拌至湯汁收至稠狀。

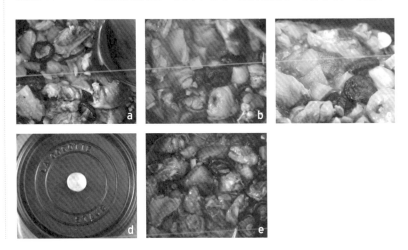

6 | 起鍋前，撒些許白胡椒粉、蔥綠即完成。

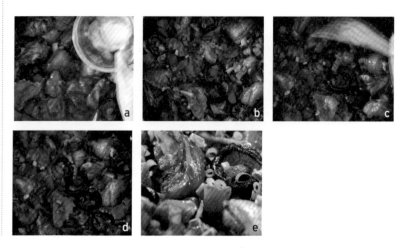

 TIPS

- 市售蔭瓜鹹味各不同，醬汁可依個人鹹淡喜好調整。

recipe

塔香紅咖哩海鮮

示範 | 塔咪的生活狂想曲 塔咪

泰式咖哩紅綠黃你喜歡哪一種？這道海鮮紅咖哩有紅辣椒的辣，以台灣米酒嗆出的海鮮甜，迸出新鮮好滋味，在炎熱的夏天既開胃又能滋補營養。蝦子先剪鬚除腸泥，蛤蜊記得吐好沙。充滿泰式風味的紅咖哩醬邊煮邊飄香，海鮮下鍋蓋鍋蓋，靜待蛤蜊開口瞬間，加入奶油翻炒提香，起鍋前下一大把九層塔香噴噴上桌。

材料

蛤蜊 15 個

蝦 10 尾

紅咖哩醬 2 $\frac{1}{2}$ 大匙

椰奶 200ml

南薑 3 片

檸檬葉 3 片

香茅 少許

九層塔葉 1 把

無鹽奶油 15g

米酒 1 大匙

辣椒 1 根

魚露 1 小匙

二砂糖 1 小匙

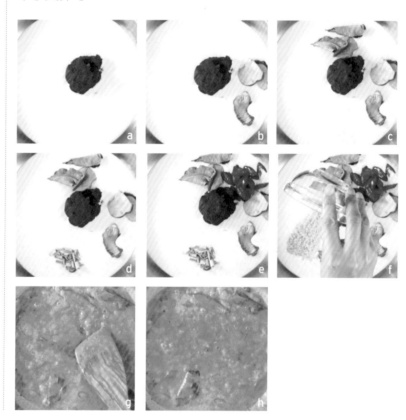

1　蛤蜊浸鹽水吐沙、辣椒切片、蝦子去鬚，劃背剔除腸泥。

2　熱鍋倒入椰奶、紅咖哩醬、檸檬葉、南薑、香茅、辣椒、糖以中小火拌勻。

3 放入鮮蝦、蛤蜊，用1大匙米酒嗆出香氣，加入1小匙魚露，蓋上鍋蓋燜煮至蛤蜊開口後，加入奶油翻炒一下提香。

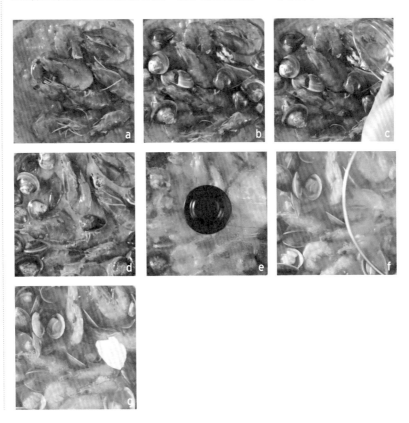

4 起鍋前撒一把九層塔葉即完成。

麻婆豆腐

🥄 示範｜幸福 365 家常料理 胖仙女

　　麻婆豆腐最怕炒得豆腐粉碎，或是豆腐跟醬汁完全疏離還少麻辣勁。豬絞肉醃過再炒，要麻辣就得加花椒，花椒可以選擇粉狀或顆粒狀。豬肉先跟調味料炒勻炒香了才加水煮。板豆腐適合新手，比嫩豆腐堅強不易碎，豆腐入鍋輕推至都泡到醬汁，不用翻，讓醬汁滾一下至豆腐入味，最後用太白粉水勾薄芡，撒上蔥花完成。

🥄 材料

豬絞肉 200g	蔥末 3 大匙	砂糖 1 大匙
板豆腐 400g	米酒 2 大匙	花椒粉 1 小匙
大蒜 2 瓣	醬油 1 大匙	水 105ml
沙拉油 2 大匙	辣豆瓣醬 2 大匙	太白粉 1 小匙

步驟

1　大蒜及蔥切末、板豆腐切正方形小塊、絞肉以 1 大匙米酒醃約 10 分鐘。

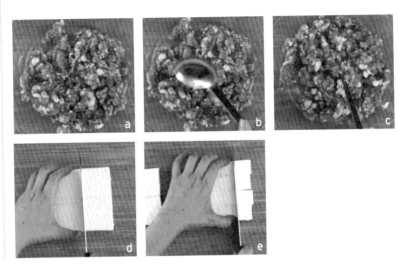

2　熱鍋放油，下蒜末爆香。

3　放入絞肉及 1 大匙米酒拌炒，炒至絞肉全部散開。

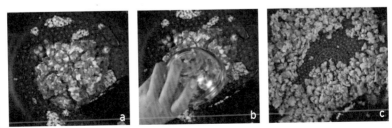

4 加入花椒粉、辣豆瓣醬、醬油、糖及 6 大匙水翻炒均勻。

5 倒入板豆腐後輕輕的推開，讓板豆腐均勻沾到醬汁。最後加入蔥末煮片刻讓板豆腐入味，以太白粉兌1大匙水調開勾薄芡即完成。

recipe

橙汁照燒雞腿

🥄 示範｜幸福 365 家常料理 胖仙女

　　每到夏天就想吃些酸甜口味的料理嗎？來點橙汁照燒雞腿下酒。胖仙女老師的做法特別簡單易學，比一般居酒屋的照燒雞更加清爽解膩，訣竅除了用新鮮的果汁入菜以外，用熬煮取代一般照燒料理的燒烤流程。雞肉徹底吸收橙汁融合照燒醬的美味，所有食材收汁完畢，出鍋前撒上七味粉更是神來一筆，又甜又辣的清爽口感，啤酒再來一杯。

材料

去骨雞腿 400g　　　　醬油 2 大匙　　　　七味粉 1 大匙

洋蔥 $\frac{1}{4}$ 顆　　　　米酒 2 大匙　　　　沙拉油 2 大匙

柳橙 1 顆　　　　　　砂糖 2 大匙

步驟

1 柳橙擠汁備用、洋蔥切絲、雞腿切小塊以米酒 1 大匙醃至少半小時。

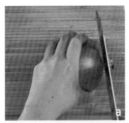

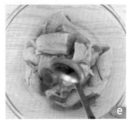

2 熱鍋放油將洋蔥炒至微微透明。

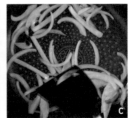

3 放入雞腿翻炒，加入醬油、米酒、糖及柳橙汁炒勻。

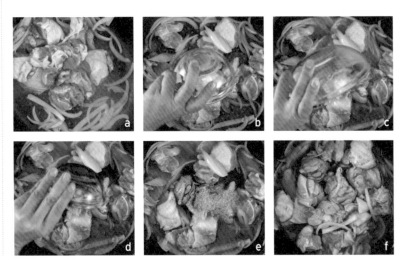

4 蓋上鍋蓋燜煮至汁收完，收汁過程中可再翻炒攪拌一下。起鍋前撒上七味粉即完成。

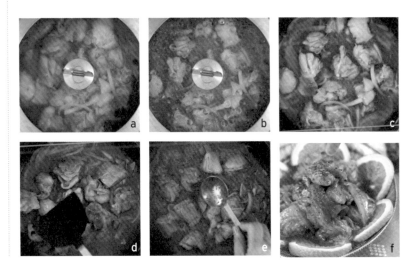

recipe

打拋豬肉

🥄 示範｜**幸福 365 家常料理** *胖仙女*

　　打拋豬肉是泰國來的白飯剋星、國民美食。所謂打拋其實是指打拋葉
這辛香料，雖然打拋葉在台灣不易取得，但是我們有台灣九層塔，一樣
香氣十足，再搭配香甜小番茄，爆香的鍋中與豬絞肉一同翻炒。白飯迅
速下肚，「沒食慾」只是傳說，泰台大融合變成台灣在地好滋味！

材料

大蒜 3 瓣

辣椒 $\frac{1}{2}$ 根

豬絞肉 400g

小蕃茄 8～10 個

九層塔葉 適量

米酒 1 大匙

沙拉油 2 大匙

調味料

醬油 2 大匙

魚露 2 大匙

檸檬汁 1 小匙

砂糖 1 小匙

白胡椒粉 $\frac{1}{2}$ 小匙

步驟

1　大蒜、辣椒切末，小番茄對半切，九層塔洗淨取葉子備用。

2　熱鍋加油爆蒜末及辣椒末。

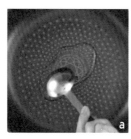

3　倒入絞肉拌炒，再加入米酒炒至肉全部散開。

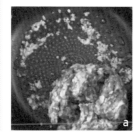
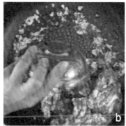
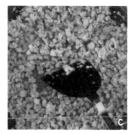

4　加入所有的調味料炒勻後，倒入小番茄攪拌翻炒，蓋上鍋蓋燜
　　煮至小番茄熟軟。

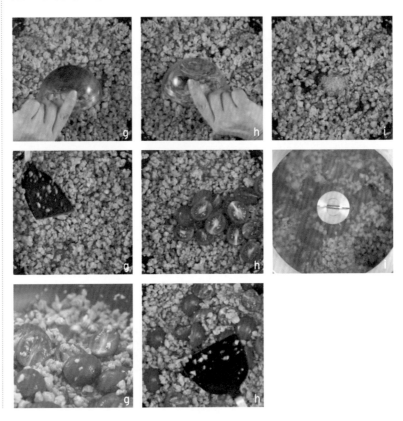

5　最後加入九層塔翻炒，再蓋上鍋蓋稍微燜煮一下即完成。

recipe

梅干苦瓜扣肉

🥄 示範│丫曼達的廚房 丫曼達

　　怕苦的朋友看過來，梅干扣肉加苦瓜，不但不苦還超下飯。一不小心就讓苦瓜變成主角的一道越煮越好吃、讓苦瓜成功轉型的極品。梅干菜記得多洗幾次再用熱水燙過，苦瓜與三層肉切成適當大小備用，油炒梅干並調好味，鋪在肉上一起蒸，開蓋的那一剎那，吸飽肉汁與梅干美味精華的苦瓜，讓我們成為吃得苦中苦的人上人了。

三層肉 300g　　　　醬油 1 大匙　　　　蒜末 1 大匙

梅干菜（濕）2 片　　砂糖 $\frac{1}{2}$ 大匙　　辣椒丁 1 小匙

苦瓜 半條（約 300g）　水 5 大匙　　　　沙拉油 1 大匙

步驟

1 苦瓜去除子與內囊切塊，梅干菜切成 1 公分寬大小，用清水洗幾
次後，再用熱水燙過。

2 起一油鍋煎三層肉，煎至肉變色取出備用，直接用鍋內的油炒梅
干菜，加入蒜、辣椒、調味料及水稍微燜煮一下。取一有深度的
盤子，將苦瓜與三層肉一起排盤。

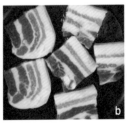
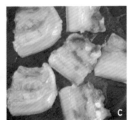

3

4 將炒好的梅干菜鋪在肉上，醬汁也全部倒入，入電鍋蒸，外鍋放 5 杯水，蒸好後倒扣在盤子上即完成。

TIPS

- 因使用濕的梅干菜，需事先洗淨並用水泡 1 小時後再切。

recipe

紫蘇牛肉

🥣 示範｜親子烹飪教養家 Amanda

　　家裡陽台、屋頂若有家庭菜園，種些香草是必備的，九層塔、薄荷、紫蘇…，尤其是菜價高漲之時鐵定能派上用場。今天就摘幾片紫蘇來入菜，在油鍋中炒熟牛肉後加入豆瓣醬炒香，新鮮紫蘇最後放入，熱油淋一下，挑選一個精緻的盤擺上桌，紫蘇葉獨有的香氣誘發人的口腹之慾，碎花生讓牛肉越嚼越香。

材料

牛肉片 200g

紫蘇葉 1 小把（約 3 片）

白鴻禧菇 一盒（約 50g）

蒜味花生 $\frac{1}{2}$ 杯（約 40g）

太白粉 $\frac{1}{2}$ 大匙

豆瓣醬 1 大匙

辣椒 1 根

薑片 2 片

蒜末 1 大匙

水（高湯）3 大匙

沙拉油 5 大匙

步驟

1 牛肉片用太白粉及一些水抓醃均勻、辣椒切碎、花生搗碎。

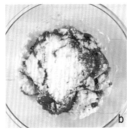

2 熱鍋倒入油及牛肉，開中大火用筷子迅速將牛肉炒散至變色。

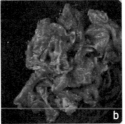

3 倒入豆瓣醬炒香再加入薑、蒜、辣椒及鴻禧菇攪拌翻炒。最後加入適量的水或高湯炒至水滾即可起鍋。

4 撒上搗碎的花生和紫蘇葉。另起油鍋後,將燒熱的些許油燙在菜上,將食材的香味激發出來即完成。

recipe

古早味瓜仔肉

示範｜蘋果愛料理 蘋果

　　大家對瓜仔肉有著什麼樣的回憶呢？猶記得媽媽第一次端出瓜仔肉上桌，吃下第一口的那刻開始就讓人深深愛上。瓜仔肉就是這麼一道讓人上癮的料理，各家煮夫煮婦們都有自己的醬瓜來源，用口感較脆的花瓜還是偏軟的蔭瓜？甜味多點的還是鹽味多點的？經過千錘百鍊成為絕不輸人的拿手菜，試試看讓它也成為你的拿手菜。

材料

豬絞肉 300g   乾香菇 9 小朵   花瓜罐頭 250g

金針菇 1 包（約 200g）   紅蘿蔔 100g   白胡椒粉 1 大匙

步驟

1 先將乾香菇泡水備用（香菇水不要倒掉）。

2 紅蘿蔔及泡軟香菇切丁、金針菇切小段、豬絞肉與花瓜一起剁細。

3 　將所有食材、花瓜罐頭湯汁、香菇水及白胡椒粉全部倒入空鍋，
　　攪拌均勻。

4 　最後放入電鍋蒸，外鍋放 $1\frac{1}{2}$ 杯水，待電鍋跳起即完成。

TIPS

- 豬絞肉和花瓜一起剁細 (切忌剁太細)，可省時且增加豬肉黏性。
- 可選擇先將香菇水倒入花瓜空罐頭搖晃後再倒出，乾淨不浪費。

recipe

酸辣鮮蝦粉絲煲

🥣 示範｜塔咪的生活狂想曲 塔咪

天氣熱很容易只想吃些冰涼的東西，討厭流汗的感覺就想躲在冷氣房裡，這樣是不行地，夏天該吃些可以流汗的、開胃的料理。酸辣鮮蝦粉絲煲要酸要辣要營養通通有，酸辣口味的鮮蝦，入口的瞬間味覺甦醒，酸與辣還有蝦肉的鮮甜好舒心，被鮮蝦打開的胃口剛好用寬粉絲彌補，熱呼呼的一道料理又酸又辣吃來快活，吃到流點汗沒關係，好料理會讓人吃的飽又暢快身心。

🍲 材料

鮮蝦 12～14 尾	蔥 2 支	
寬粉絲 4 把	香菜末 1 大匙	
南薑 2 片	辣椒 2 根	
檸檬葉 3～4 片	沙拉油 2 大匙	
大蒜 2～3 瓣		

泰式酸辣醬汁

泰式辣椒醬 1 大匙	米酒 2 大匙
魚露 1 大匙	水 550ml
二砂糖 $1\frac{1}{2}$ 大匙	
檸檬汁 2 大匙	

步驟

1 蒜、蔥及香菜切末，蔥白及蔥綠分開放，辣椒各別切末及切片，鮮蝦剔除腸泥備用，粉絲冷水泡軟後瀝乾備用。

2 熱鍋倒油，將鮮蝦炒至五至六分熟，取出盛盤。

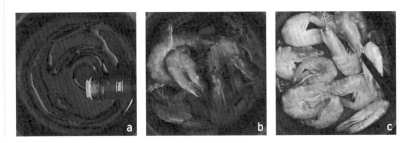

3 視鍋裡餘油狀況，可再添些許油，蒜末、蔥白、南薑、辣椒片及檸檬葉翻炒煸香，再加入泰式辣椒醬炒勻。

4 　倒入水、糖以中火煮至大滾後，放入寬粉絲鋪上鮮蝦。

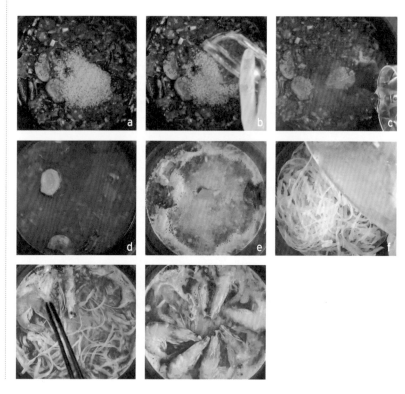

5 　最後淋上魚露、檸檬汁蓋上鍋蓋，轉小火煮約 3 分鐘後，撒上
　　蔥綠、香菜末及辣椒末即完成。

夏日味噌燒

🥄 示範 | **不打烊廚房** 夏綠蒂

　　味噌除了煮味噌湯以外還有很多用法。這一道夏日味噌燒一定要學起來，絲瓜跟味噌其實超合的來，豬肉片在熱鍋煎到微微焦黃，閃閃發亮，翠綠的絲瓜再下去一起燜煮過後，加入調好的味噌醬翻炒，料理過程中的每個環節都誘發食慾，這光澤感多美，這香氣多麼令人垂涎，盛好的白飯也迫切在等待相遇的瞬間，一定要試試看這道清爽下飯的好料理。

材料

火鍋豬肉片 190g	黑胡椒粉 $\frac{1}{4}$ 小匙	柴魚片 5g
絲瓜 310g	水 1 大匙	沙拉油 1 大匙
大蒜 2 大瓣	味噌 1 小匙	
醬油 1 大匙	糖 $\frac{1}{4}$ 小匙	

1 大蒜切末，絲瓜削皮保留綠色部分並切成小塊狀，豬肉片撒鹽備用。

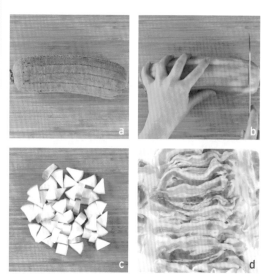

2 將醬油、水、味噌及糖攪拌均勻。

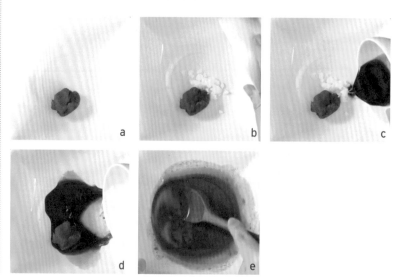

3 熱油鍋放入肉片煸到焦黃。

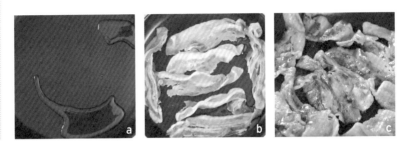

4 再加入絲瓜與蒜末翻炒，蓋上鍋蓋小火煮 6 ～ 8 分鐘。最後倒入
步驟 2 醬料攪拌炒勻，撒上黑胡椒粉，盛盤後撒上柴魚片即完成。

recipe

酸菜炒肉末

🥄 示範｜安木白。Amber

　　台灣的傳統醃菜喜歡的人就終生難忘，雖然其貌不揚，卻總能使人胃口大開。今天的主角酸菜也是一身迷人魅力。酸菜就是台語稱的鹹菜，芥菜盛產時阿嬤都會醃個幾甕起來，煮湯、單炒，和其他東西一起炒都棒。今天分享這道酸菜炒肉末也是開胃極品。酸菜用清水沖乾淨，去除多餘的鹽質或殘砂，擰乾切碎與肉末一起炒香，那迷人香氣想起來了嗎？

材料

酸菜 130g　　　辣椒 1 根　　　醬油 1 大匙

豬絞肉 200g　　鹽 1 小匙　　　二砂糖 2 小匙

大蒜 3 大瓣　　白胡椒粉 $\frac{1}{4}$ 小匙　　米酒 1 大匙

薑 10g　　　　芝麻油 2 小匙　　沙拉油 2 大匙

步驟

1　酸菜洗淨後切成小塊、大蒜及薑切末、辣椒切片。

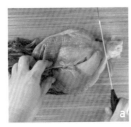

2　熱油鍋放入豬絞肉，炒至肉變色，再加入 $\frac{1}{4}$ 小匙鹽炒勻。

3 　將酸菜、蒜末、薑末及辣椒片入鍋翻炒。

4 　最後加入 $\frac{3}{4}$ 小匙鹽、白胡椒粉、芝麻油、醬油及二砂糖炒勻，可在起鍋前淋上米酒，攪拌一下即完成。

recipe

筍絲繡球

🥄 示範│親子烹飪教養家 Amanda

花點小巧思,竹筍料理千變萬化,低熱量、高營養、爽脆高纖的口感受到非常多人的喜愛。筍絲繡球上相又好吃,非常適合在有朋自遠方來時秀一手。尤其做法非常簡單,料理新手也能挑戰。竹筍從切片到切成絲,恭喜!最難的關已過去,後續超容易。調味完成的豬絞肉捏成丸子,最後蒸出一籠美美的筍絲繡球好得意。

豬絞肉（肥瘦比 3：7）500g　　馬蹄末 20g　　　鹽 2 小匙

熟竹筍 100g　　　　　　　　　薑泥 1 小匙　　　醬油 1 大匙

雞蛋白 1 個　　　　　　　　　蔥末 2 大匙

太白粉 2 大匙　　　　　　　　白胡椒粉 1 小匙

步驟

1　先將熟竹筍切成細絲。

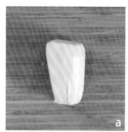

2　豬絞肉加鹽、醬油及白胡椒粉拌勻，醃 20 分鐘入味。

3　倒入馬蹄末、薑泥、蛋清及太白粉，攪拌均勻。

4　將豬絞肉泥捏成一球球丸子狀，外層裹上筍絲。

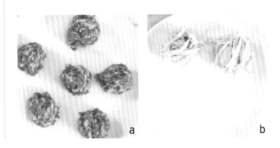

5　放入電鍋蒸，外鍋放 1 杯水，出鍋前撒上蔥末即完成。

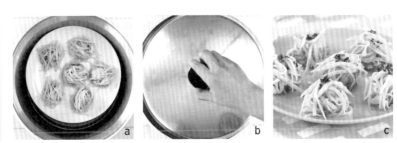

recipe

啤酒滷五花肉

 示範 | 幸福 365 家常料理 胖仙女

　　滷五花肉絕對是家鄉味的代表之一，以孩子的視角看媽媽做滷五花肉時，總好奇媽媽到底放了什麼神奇香料呢？香到讓人口水直流。長大後想要複製這美味發現真不簡單，老媽要花一個下午備料的滷五花肉，身為上班族的朋友看過來，老師示範的啤酒滷五花簡單快速。利用啤酒能讓五花肉加快入味變軟嫩，歡迎以此為基礎做出屬於自己的美味，何不今晚就試滷一鍋，絕對超下飯。

材料

五花肉 350g	八角 2 顆	砂糖 20g
白蘿蔔 300g	原味啤酒 300ml	水 200ml
薑片 5 片	醬油 40g	沙拉油 2 大匙

步驟

1 白蘿蔔去皮切塊、薑切片、五花肉切塊。

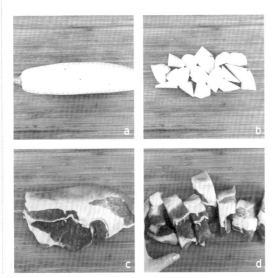

2 熱油鍋將五花肉兩面煎至上色後,撥至鍋邊。

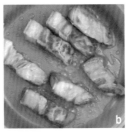

3 鍋內空處用來炒香薑片,放入白蘿蔔、八角、啤酒、糖及醬油拌勻。

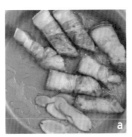

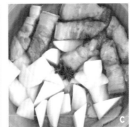

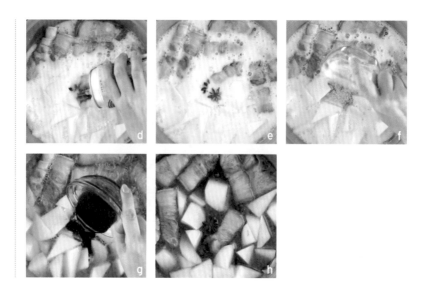

4. 蓋上鍋蓋，滾開後轉小火滷煮 **40** 分鐘至 **1** 小時。煮至肉軟及收汁即完成。

TIPS

- 滷煮的時間，視不同燉鍋及個人收汁喜好程度而調整。
- 滷煮的過程中，若覺得收汁太快可適時加點水。
- 啤酒量可依喜好而定，也能用水或高湯取代。
- 若用電鍋煮，外鍋放 **2** 杯水跳起後再燜 **30** 分鐘。

recipe

螞蟻上樹

🥄 示範｜**蘋果愛料理** 蘋果

　　這道四川家常菜大家一定耳熟能詳，夾起時肉末掛在一條條粉絲上，就貌似一行行的螞蟻往樹上爬，因此名為螞蟻上樹。這道經典的家常料理其實很簡單，肉末炒香加入豆瓣醬等調味料，粉絲的口感要 Q 彈，所以只要泡軟就好。粉絲終於與肉湯相遇，水分快收乾時記得持續的拌炒防黏鍋，放入蔥花、淋上香油，色香味誘人。

🍳 材料

豬絞肉 100g	薑末（不去皮）1 大匙	白胡椒粉 1 小匙
粉絲 2 把	辣椒末（去籽）1 小匙	香油 $\frac{1}{4}$ 小匙
蔥 1 支	辣豆瓣醬 2 大匙	水 400ml
蒜末 1 大匙	醬油 2 小匙	沙拉油 1 小匙

🍳 步驟

1 將粉絲泡溫水 15 分鐘，再用剪刀剪斷，切蔥花，薑、蒜、辣椒切末備用。

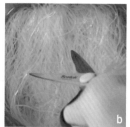

2 熱油鍋放入豬絞肉炒至反白，加入薑末、蒜末、辣椒末及辣豆瓣醬拌炒。

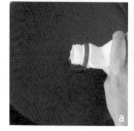
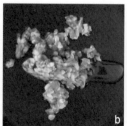
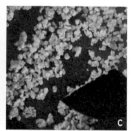

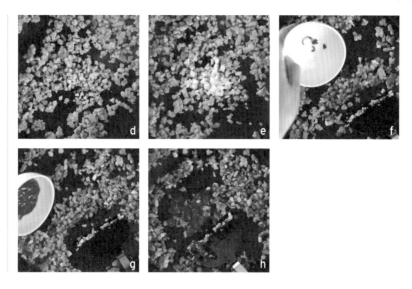

3　加水煮滾後，放入步驟1粉絲、醬油、白胡椒粉炒勻。

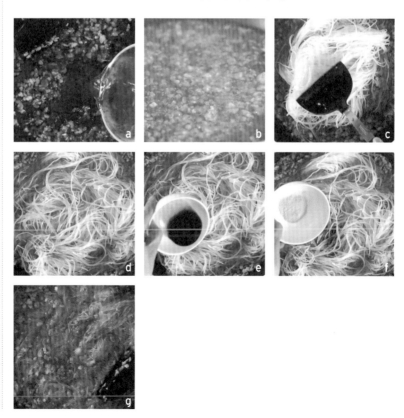

4. 水分快收乾時，撒上蔥花及淋上香油，拌勻即完成。

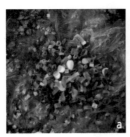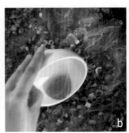

TIPS

- 用溫水泡粉絲，不易結球，且口感更滑潤好吃。

- 豬肉煸炒過可去腥，再利用煸出的豬油炒食材，增添香氣外，也能減少油的用量。

- 若不敢吃辣，可省略辣椒末，辣豆瓣醬改成豆瓣醬，或是最後加1～2滴烏醋，降低辣度。

recipe

香辣茭白筍

🥣 示範 | **不打烊廚房** 夏綠蒂

　　每年五至十一月為茭白筍盛產的季節，尤其在中秋節期間更是大受歡迎。鮮甜多汁的茭白筍是碳烤熱門食材，若是不小心買太多了，就來試試做成這道下飯、下酒料理吧！切成小方塊狀的茭白筍與絞肉炒香，只需五香粉、白胡椒粉、鹽簡單提味，花生和蔥綠增加了視覺及口感的層次，香香辣辣讓人忍不住一口接著一口。

🍳 材料

豬絞肉 300g　　蒜末 1 大匙　　白胡椒粉 $\frac{1}{8}$ 小匙

茭白筍丁 110g　乾辣椒段 1 小匙　鹽 $\frac{1}{8}$ 小匙

花生粒 50g　　醬油 $\frac{1}{4}$ 小匙　沙拉油 1 大匙

蔥 3 支　　　五香粉 $\frac{1}{8}$ 小匙

🍲 步驟

1 切蔥花並將蔥白與蔥綠分開備用，茭白筍切丁，大蒜切末，乾辣椒切段，花生粒用乾鍋烘出香氣備用。

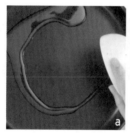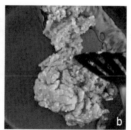

2 起油鍋將豬絞肉炒至焦黃，再放入茭白筍丁炒到上色，鍋邊嗆入醬油。

3 加入蒜末、辣椒段及蔥白，撒上五香粉、白胡椒粉、鹽炒勻。

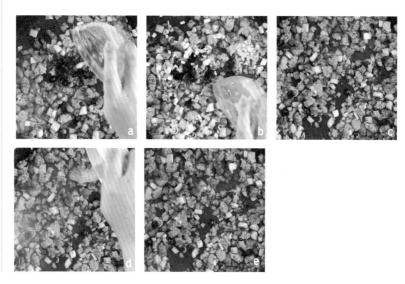

4 最後放入花生及蔥綠翻拌 **10** 秒即完成。

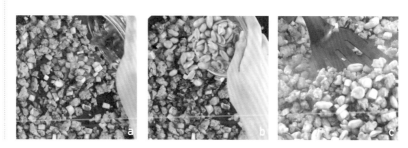

recipe

和風燉牛腩

 示範｜ㄚ曼達的廚房 ㄚ曼達

　　入秋後天氣變化大，更要注意保養，燉一鍋暖心料理補元氣，大家口水先收好，準備來燉牛腩。牛腩與蘿蔔、馬鈴薯一起拌炒到變色，慢燉一小時後再放入南瓜避免化掉，打開鍋蓋的瞬間，整間廚房香氣四溢，說不餓的人都投降，牛腩入味又軟嫩，鬆軟的馬鈴薯和紅蘿蔔吸附著湯汁，裝滿滿一碗，慎重咬下，原來讓人幸福的好滋味就在這裡。

材料

牛腩 600g	胡蘿蔔 1 根	柴魚醬油 5 大匙	沙拉油 2 大匙
馬鈴薯 2 個	南瓜 150g	砂糖 1 大匙	

步驟

1 熱鍋放 2 大匙油，倒入切塊的馬鈴薯、紅蘿蔔及牛腩拌炒至肉變色。

2 加入柴魚醬油及糖，並倒水至淹過肉，煮滾後轉小火慢燉 1 小時。

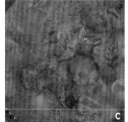

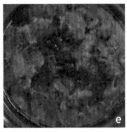

3 最後加入帶皮的南瓜塊，再煮 **15** 分鐘即完成。

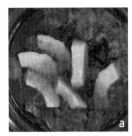

TIPS

- 步驟 **2** 可選擇加點米酒增添香氣。
- 若改用電鍋蒸，外鍋 **3** 杯水，待 **40** 分鐘後加入南瓜塊繼續燉煮。

鳳梨糖醋蝦

🥄 示範｜丫曼達的廚房 丫曼達

　　中菜中最酸甜開胃的就是糖醋料理，無論是海鮮或是豬肉都跟糖醋醬絕搭。以這道鳳梨糖醋蝦來說，蝦子挑去腸泥，油煎至變色保留鮮甜，接著與糖醋醬、甜椒等蔬菜快速拌炒，輕鬆就能完成。要調出好吃的糖醋醬也非常簡單，番茄醬為基底，加入糖、醋等調味料，色鮮味美的鳳梨糖醋蝦隨後就上桌。

材料

大蝦 10 尾
洋蔥 $\frac{1}{4}$ 顆
黃紅甜椒 $\frac{1}{4}$ 顆
罐頭鳳梨 2 片

糖醋醬

番茄醬 2 大匙　　油膏 $\frac{1}{2}$ 大匙
砂糖 1 大匙　　　水 3 大匙
白醋 1 大匙　　　沙拉油 1 大匙

步驟

1　蝦子背部劃一刀，去泥腸、蝦頭部鬚鬚剪除，將洋蔥與黃紅甜椒切片，鳳梨一片切成四塊。

2　糖醋醬材料倒入碗內拌勻備用。

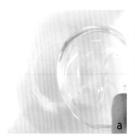
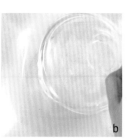

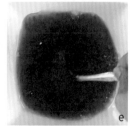

3 起一油鍋，大蝦煎至變色後取出一旁備用。

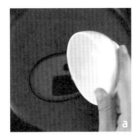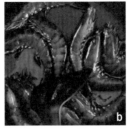

4 同一鍋中依序下洋蔥、甜椒、鳳梨快速翻炒後即取出。

5 最後倒入糖醋醬汁攪拌煮滾後，倒入所有食材翻炒均勻即完成。

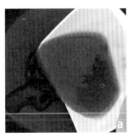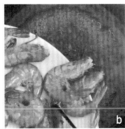

TIPS

- 醬汁先煮過，能讓食物色澤更漂亮。

recipe

南洋風味椒麻雞

🥣 示範│**塔咪的生活狂想曲** 塔咪

　　不管下飯或是下酒怎能錯過這一道，充滿椒麻香氣佐酸辣醬汁的香酥雞肉想到口水就直滴。做為椒麻雞的好伴侶絕少不了高麗菜，甜脆的高麗菜切絲冰鎮後解膩又健康，跟著老師示範將雞腿斷筋、醃漬、裹粉、下鍋油煎至金黃酥香，酸酸辣辣的開胃醬汁在旁已迫不及待，爽脆的高麗菜絲上躺著酥香雞腿排，淋醬時最美，酥嫩多汁的每一口都令人回味無窮。

材料

| 去骨雞腿 1 片
（約 460g）
高麗菜絲 150g
沙拉油 4 大匙
麵粉 適量 | **醃料**
米酒 2 大匙
醬油 2 大匙
二砂糖 1 小匙
白胡椒粉 $\frac{1}{2}$ 小匙 | **醬汁**
蒜末 2 大匙
辣椒末 2 大匙
二砂糖 3 大匙
檸檬汁 4 大匙 | 魚露 2 大匙
花椒粉 1 小匙
香菜末 2 大匙 |

步驟

1 　雞腿背面將帶筋的地方以逆紋劃刀，切開肉較厚的部分。

2 　雞腿淋上醃料，按摩幫助入味，醃 30 分鐘。

3 高麗菜絲以冰水冰鎮，把醬汁材料調勻備用。

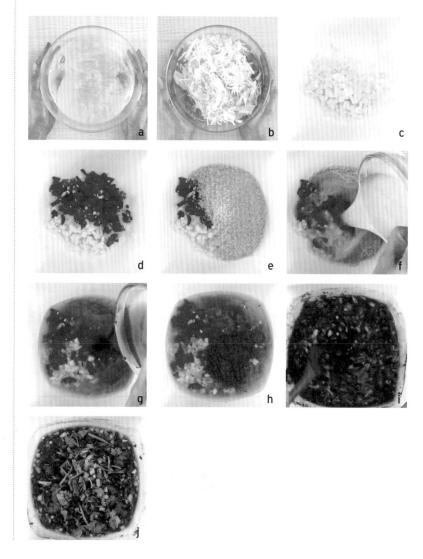

4　步驟 2 雞肉兩面薄拍一層麵粉，雞皮朝下放入油鍋，以半煎炸的
　方式，將兩面煎至酥脆金黃。

5　最後用紙巾吸油、將肉切塊，鋪在步驟 3 高麗菜絲上，淋上調
　好的醬汁即完成。

鹹蛋蒸肉

示範 | 塔咪的生活狂想曲 塔咪

　　推薦大家這道口味濃郁的古早味。鹹蛋的風味與豬絞肉融合蒸煮之後，樣貌與香氣讓不餓的人都覺得餓了，這就是蒸肉料理的魅力。只要餐桌上有這道菜，無不多吃一碗。回憶中媽媽的拿手菜、全家人的最愛，今天的晚餐主角就決定是它。按下電鍋開關、進入回憶的時光走廊，今夜就與全家人一起分享那美好時光。

材料

		醬汁	
熟鹹蛋 2 個	蔥 2 支	醬油 1 大匙	香油 1 小匙
豬絞肉 300g	太白粉 $\frac{1}{2}$ 小匙	米酒 1 大匙	二砂糖 $1\frac{1}{2}$ 小匙
大蒜 1～2 瓣	白胡椒粉 $\frac{1}{4}$ 小匙	水 1 小匙	
薑末 1 小匙			

步驟

1 豬絞肉洗淨瀝乾，薑、蒜切末、切蔥花、醬汁材料拌勻備用。

2 將鹹蛋蛋白、蛋黃分開，蛋白切細碎狀，蛋黃分為 6～8 等分。

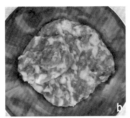

3 醬汁倒入絞肉中，再加入白胡椒粉、太白粉拌勻，醃 5 分鐘。

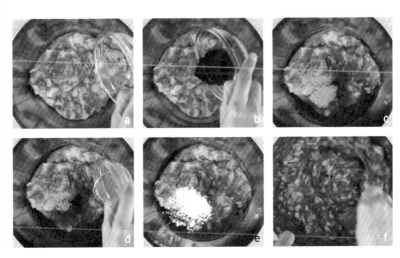

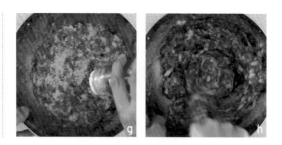

4 再加入 $\frac{2}{3}$ 蔥花、薑末、蒜末、鹹蛋白、攪拌均勻至產生黏性。

5 取一稍有深度的平盤，放入肉餡填勻，再擺上鹹蛋黃。電鍋內放置蒸架，整盤入鍋蒸，外鍋 $1\frac{1}{2}$ 杯水。電鍋開關跳起後，撒上剩餘蔥花，回燜 1 分鐘即完成。

recipe

印度烤雞

🥄 示範 | 幸福 365 家常料理 胖仙女

　　買點異國香料為餐桌上的家常口味加點變化。拜現代便利所賜，超市賣場就能輕易購得許多異國香料，常見的印度咖哩粉除了拿來煮咖哩，與匈牙利辣椒粉搭配，以優格和眾多香料調配成雞肉的醃料，就能在家享受印度風味滿滿的烤雞。用煎烤的方式將肉汁緊緊鎖住不流失，簡單打造家常印度風味料理。

🍲 材料

去骨雞腿 350g

醃料

原味優格 150g	薑泥 1 大匙	印度咖哩粉 3 大匙
檸檬汁 1 大匙	鹽 1 小匙	匈牙利紅椒粉 2 大匙
蒜末 1 大匙	砂糖 1 小匙	黑胡椒粗粒 1 小匙

🍳 步驟

1 雞腿肉切大塊，若有較厚處可以淺切幾刀。

2 將醃料中優格和檸檬汁以外的材料先混合均勻。

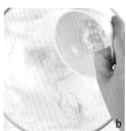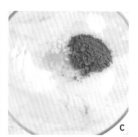

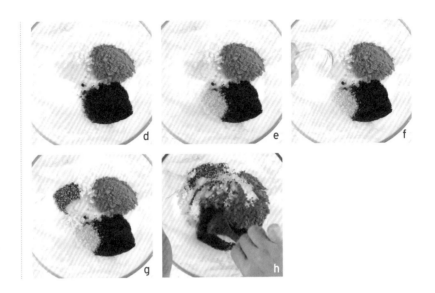

3 最後再加入優格及檸檬汁混拌均勻完成醃料。將雞肉與醃料放入密封袋或容器中，讓雞肉充份與醃料混合，放在冰箱醃1天。將醃好的雞肉以牛排煎鍋或平底鍋煎烤至兩面熟透即完成。

蔥燒豆腐

🥄 示範｜**幸福 365 家常料理** 胖仙女

蔥燒豆腐是最受歡迎的家常料理之一，不但省錢，做法簡單且料理時間也短，大大推薦給料理新手們。無論蛋豆腐或板豆腐都是不錯的選擇。熱油鍋再將豆腐下鍋，豆腐先煎至兩面焦黃再將配料下鍋。蔥香與醬汁香通通都被吸入豆腐裡，真的是有夠下飯的啦！

🥣 材料

蛋豆腐 1 盒　　　砂糖 1 大匙
蔥 1 支　　　　　水 2 大匙
辣椒 $\frac{1}{2}$ 根　　　沙拉油 2 大匙
醬油 $1\frac{1}{2}$ 大匙

🍳 步驟

1　蔥切段、辣椒切斜片。

2　蛋豆腐從中間橫切兩半，再縱切成厚片。

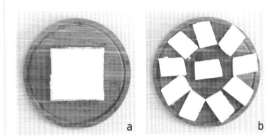

3　熱油鍋下蛋豆腐，煎至一面焦黃後再翻面，煎到兩面全熟。

4　最後放入蔥、辣椒及所有的調味料拌勻，再蓋鍋煮至入味即完成。

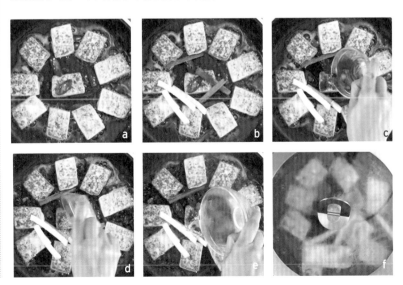

recipe

豆豉蚵仔

🥄 示範 | 幸福 365 家常料理 胖仙女

　　俗稱蚵仔的牡蠣，因其營養價值極高故有海底牛奶之稱號。台灣養蚵產業發達，蚵棚常見於西海岸，入秋之後的鮮蚵最為肥美鮮甜，是品嘗的最佳時機。超下飯的豆豉蚵仔，做法簡單又營養開胃。蚵仔最怕炒得破破爛爛，賣相都沒了，下鍋快炒前先汆燙過能去腥定型，最後炒出來的豆豉蚵仔才會又鮮又好吃。

材料

鮮蚵 150g	大蒜 2 瓣	醬油 1 大匙	沙拉油 2 大匙
蔥 1 支	乾豆豉 1 大匙	砂糖 1 小匙	
辣椒 $\frac{1}{2}$ 根	米酒 1 大匙	烏醋 1 小匙	

步驟

1 蚵仔加少許鹽抓勻，來回輕輕沖水 2 ～ 3 次，再用滾水燙過，瀝乾備用。

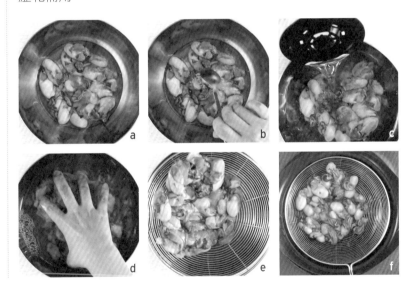

2 乾豆豉用米酒浸泡約 10 分鐘。

3 大蒜、蔥及辣椒切末。熱油鍋先爆香蒜末，再放入燙過的蚵仔輕輕拌炒。

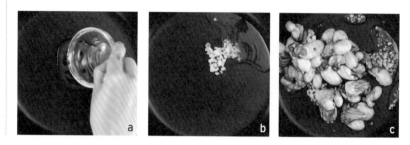

4 加入豆豉、泡豆豉的米酒、辣椒末及所有調味料炒勻。

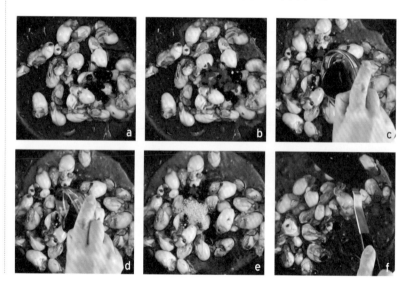

5 最後加入蔥末翻炒即完成。

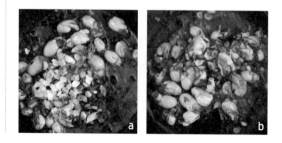

剁椒雞腿蒸芋頭

🥄 示範│親子烹飪教養家 Amanda

　　剁椒是貴州、湖南一帶的辣椒醃製品,台灣街邊小吃攤也很常見類似的醬料。鮮紅的辣椒剁碎後與大蒜薑等醃製成,堪稱無辣不歡者的最愛。可以直接吃或是代替新鮮辣椒入菜。剁椒能使每道菜都變得鮮辣惹味。這道剁椒雞腿蒸芋頭,由剁椒錦上添花,開鍋後香氣迷人,入口後辣勁開胃。

材料

帶骨雞腿 2 支（約 300g）　　薑片 3 片　　　　　白胡椒粉 2 小匙

芋頭 200g　　　　　　　　　蠔油 2 大匙　　　　鹽 1 小匙

剁椒 2 大匙　　　　　　　　米酒 2 大匙

蔥末 2 大匙　　　　　　　　蒸肉粉 2 大匙

步驟

1　剁成小塊的雞腿中放入適量的鹽、薑片、米酒及蠔油拌勻，醃 1 個小時。

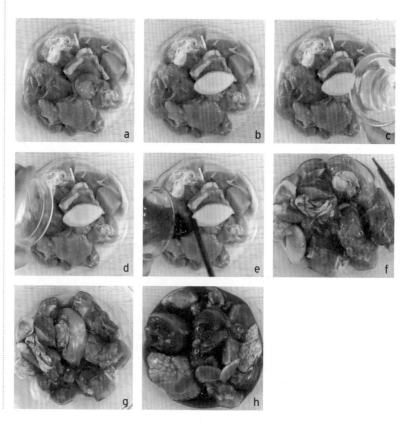

2 切成小塊的芋頭放入鹽、白胡椒粉及蒸肉粉，攪拌均勻。

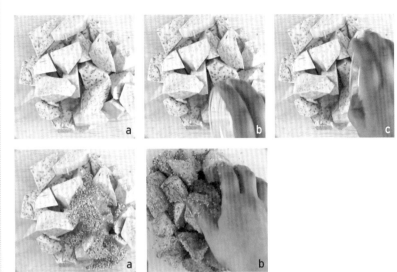

3 芋頭平鋪在盤底，再將雞腿放在芋頭上，最上面撒上剁椒。

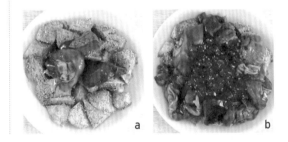

4 放入電鍋蒸，外鍋 **1.5** 杯水，最後撒上蔥末即完成。

recipe

糖醋蓮藕肉丸

🥄 示範 │ 親子烹飪教養家 Amanda

　　秋天真的是收穫的季節，市場上滿滿的美味食材任君挑選，蓮藕就是
要吃秋天當令，外型胖短佳。本草綱目讚它為「靈根」，豐富的營養價
值與養生功效可見一斑。豬肉餡中加入清甜當季的蓮藕做肉丸，讓肉丸
的口感更為豐富且解膩。糖醋醬汁裹上，鮮香欲滴超好吃。

材料

豬絞肉 200g　　麻油 1 小匙　　白胡椒粉 1 小匙　　酒 1 大匙

蓮藕 150g　　料酒 1 小匙　　蔥花 1 大匙　　砂糖 15g

太白粉 1 大匙　　醬油 1 小匙　　白醋 2 大匙　　沙拉油 2 大匙

薑末 $\frac{1}{2}$ 大匙　　鹽 1 小匙　　醬油 1 大匙

步驟

1 蓮藕削皮，切碎丁。

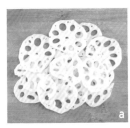

2 碗中加醋、醬油、酒、糖，拌勻醬汁備用。

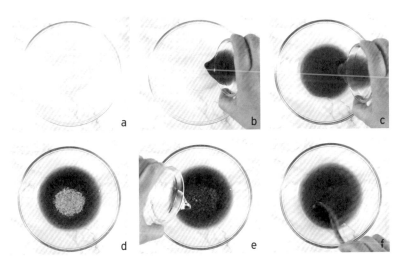

3 碗中加蓮藕、絞肉、鹽、胡椒粉、太白粉、薑末、麻油、料酒、
醬油、蔥花，攪拌均勻，揉成肉丸，備用。

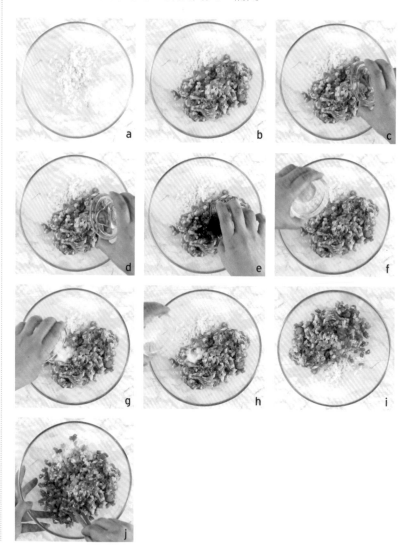

4 熱油起鍋，煎肉丸，煎至表面金黃，撈出瀝乾油。

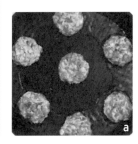 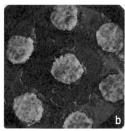

5 另取一鍋，放肉丸、醬汁，煮至稍微收汁濃稠即完成。

 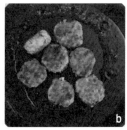 

recipe

栗子紅燒肉

🍶 示範│親子烹飪教養家 Amanda

　　秋天是栗子的季節，台灣雖然有產，可惜產量不多，主要集中在嘉義中埔，品質極佳，早早就要預定以免向隅。中醫說栗子養胃健脾，補腎強筋，準備好栗子就來試試這道栗子紅燒肉，秋冬季節就是要好好補一下。開鍋之後香味四散，紅燒肉香而不膩。栗子的風味與五花肉很好的融合一起，無論是鬆軟香Q的栗子或是紅燒肉美味都會讓人魂牽夢縈。

材料

豬五花肉 400g　　大蒜 5 瓣　　蠔油 1 大匙

熟栗子 250g　　冰糖 1 大匙　　米酒 1 大匙

薑片 15g（約 2 片）　醬油 2 大匙　　沙拉油 1 大匙

步驟

1　五花肉和冷水一起放進煮鍋裡，煮滾後取出沖洗掉油脂，將五花肉切塊。

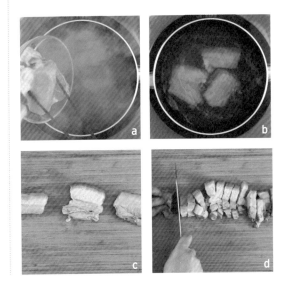

2　炒鍋放入 1 大匙沙拉油，加入冰糖，用小火熔化，炒到成咖啡色泡泡，接著加入五花肉塊，讓五花肉塊裹上琥珀色冰糖。

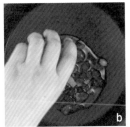

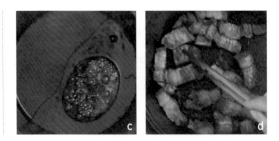

3　加入醬油、蠔油和酒，炒勻後放薑片和蒜，炒出香味。加入高湯
　　或開水，蓋過肉即可，大火燒開後轉小火燜煮 60 分鐘。

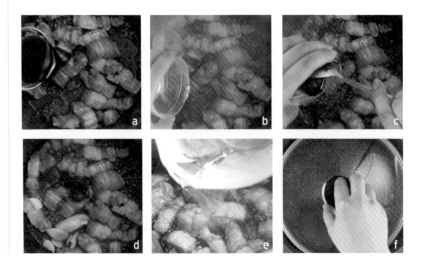

4　五花肉燜煮期間，當湯汁剩下 $\frac{1}{3}$ 時加入栗子，拌勻後繼續燜，
　　待湯汁快收乾時盛起，撒上蔥粒即完成。

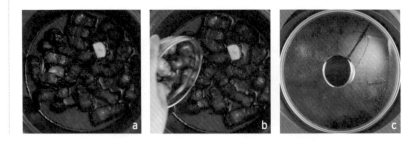

recipe

迷你串串牙籤肉

🍲 示範│親子烹飪教養家 Amanda

　　週末夜晚就用手路下酒菜收服朋友心，美味的台灣豬肉是配酒的硬道理。微醺豬肉片以牙籤一上一下像縫衣般串起，熱油鍋中蒜薑蔥依序爆香，展現騷香魅力。串串牙籤肉火熱的氣氛裡，翻炒可以隨心，當油脂淋漓、鮮色肉衣蛻去，調味醬再淋下去，翠綠蔥花加鮮紅辣椒點綴，這一道色香味超帶勁。

材料

豬里肌 300g	大蒜 6 瓣	太白粉 1 大匙	鹽 1 小匙
辣椒 2 根	辣椒粉 1 小匙	醬油 1 大匙	牙籤 約 30 支
蔥花 2 大匙	孜然粉 1 小匙	蠔油 1/2 大匙	沙拉油 1 大匙
薑末 2 大匙	米酒 1 大匙	砂糖 $\frac{1}{2}$ 大匙	

步驟

1 豬肉切成長片狀，用酒及太白粉抓勻醃 30 分鐘。

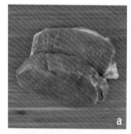
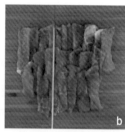
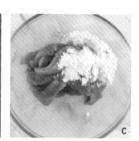

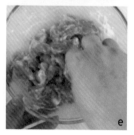

2 使用牙籤把曲折的肉片串起來。蔥薑蒜都切末，辣椒切丁備用。

3　起鍋熱油，爆香蒜末、生薑末和一半的蔥末。

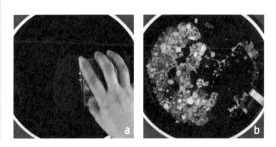

4　接著倒入肉煸炒至變色後，加入醬油、蠔油、辣椒粉、孜然粉、鹽和糖翻炒均勻，起鍋前撒上另一半蔥末、辣椒丁即完成。

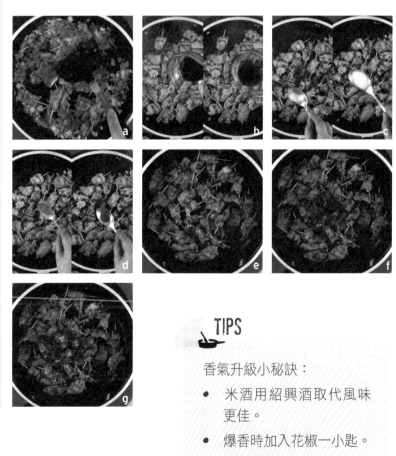

TIPS

香氣升級小秘訣：

- 米酒用紹興酒取代風味更佳。
- 爆香時加入花椒一小匙。
- 最後灑上白芝麻。

recipe

豬肉蛋捲

🍲 示範｜親子烹飪教養家 Amanda

　　家人裡有需要帶便當上學上班的嗎？特別推薦給注重效率的主婦煮夫們，晚上做好冷藏，不但隔天加熱一樣好吃，放在便當內也不易變形，有肉有菜，營養程度絕對是一百分。蛋皮用少許鹽調味一下就好，將切碎蔬菜與絞肉加入雞蛋調味拌勻，準備功夫很簡單吧！最後用蛋皮把餡料捲起來蒸熟就完成。小心因為太好吃就把明天的份吃光光。

材料

雞蛋 3 個

細絞肉（肥瘦各半）200g

蔥 2 根

胡蘿蔔 $\frac{1}{4}$ 條（約 30g）

鹽 1 小匙

白胡椒粉 1 小匙

雞高湯 3 大匙

沙拉油 $\frac{1}{2}$ 大匙

步驟

1 在碗中將雞蛋 2 顆加鹽打散。

2 平底鍋燒熱放油，倒入蛋液，並快速轉動，等蛋液凝結可用筷子整張夾起，蛋皮即完成可取出備用。

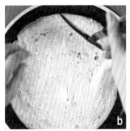

3 將蔥切碎，胡蘿蔔切丁。

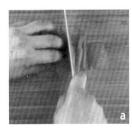

4　蔥、胡蘿蔔、鹽、白胡椒粉、雞高湯放入絞肉中，敲入 1 顆雞蛋
　攪拌均勻。

5　將絞肉餡均勻塗抹在蛋皮上並捲起來。用大火隔水蒸 20 分鐘，
　切塊裝盤即完成。

TIPS

步驟 5 可
改用電鍋
蒸，外鍋
1 杯水。

recipe

馬告檸檬豬

🥣 示範｜**蘋果愛料理** 蘋果

　　帶有胡椒與薑氣味的馬告又稱山胡椒，是許多原住民族傳統飲食常用的香料，具有暖脾健胃、安神鎮痛等功效，連國外大廚都著迷其香氣。日頭炎炎的夏季來道馬告檸檬豬，絕對是清爽解膩、開胃消暑氣的絕佳料理。做法也非常簡單，豬肉片用馬告、米酒、檸檬汁先醃過，與蔥段、紅蘿蔔絲熱油炒熟就完成了。試試看用馬告香氣來征服大家的胃吧！

🍲 材料

豬梅花肉片 150g   蔥 1 支   米酒 1 大匙   鹽 $\frac{1}{8}$ 小匙

胡蘿蔔 50g   馬告 1 大匙   檸檬汁 1 大匙   沙拉油 1 大匙

🥘 步驟

1 豬肉片用馬告、米酒、檸檬汁，醃 15 分鐘。

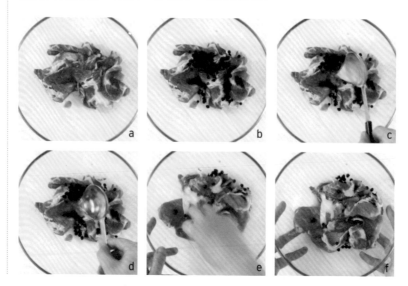

2 將紅蘿蔔切細條、蔥切段。平底鍋中放入 1 大匙油，加入紅蘿蔔、蔥拌炒。

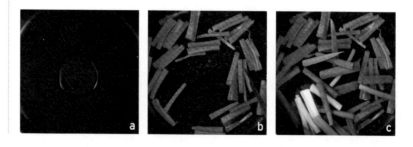

4 放入醃好的豬肉片，拌炒至肉片變白熟透，最後再撒鹽炒勻即
完成。

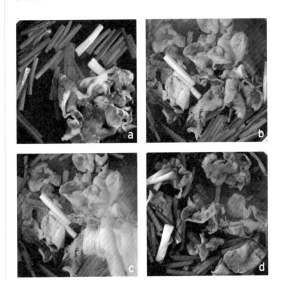

TIPS

- 胡蘿蔔素是脂溶性維生素，油炒過後更利於人體吸收。
- 馬告的風味淡雅，簡單調味即可，過多調味會蓋過馬告的香氣。

recipe

蔥燒雞翅

🥄 示範 | **不打烊廚房** 夏綠蒂

　　這下酒菜看起來很簡單但吃來不簡單。明明只是常見的幾樣食材搭配，幾樣調味料點綴，為什麼這麼色香味俱全？包準好吃的蔥燒雞翅，幾個小動作讓雞翅的肉入味又不跟骨頭糾纏，每一口都吃得輕鬆愜意，招待三五好友周末小酌，端出這一盤絕對讓你得意的不得了，掌聲響不停。

材料

兩節翅 270g　　　蔥 5 支　　　　梅林辣醬 3 大匙　　　沙拉油 1 大匙
杏鮑菇 120g　　　醬油 1 大匙　　　白胡椒粉 $\frac{1}{4}$ 小匙

步驟

1　杏鮑菇切斜片，蔥切段且蔥綠蔥白分開備用，雞翅背面用剪刀剪
開至見骨，並兩面撒上鹽。

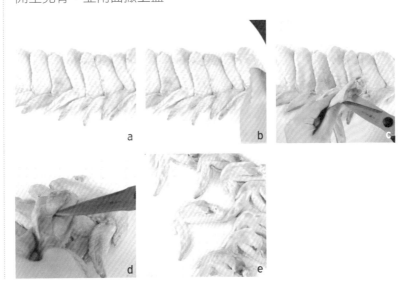

2 熱油鍋放入雞翅，雞翅面朝下煎，蓋上鍋蓋以中火煎約 5 分鐘。

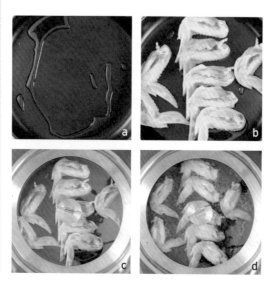

3 將雞翅翻面，加入杏鮑菇翻炒，蓋上鍋蓋再煎約 5 分鐘。

4 取出杏鮑菇，加入蔥白及醬油炒勻。

5 最後倒入梅林辣醬、白胡椒粉及倒回杏鮑菇，攪拌翻炒。

6 當杏鮑菇均勻裹上醬汁後，撒上蔥綠即完成。

會下廚的心變溫暖了

　　現在家庭結構不同，以小家庭居多，而且雙薪家庭也佔了很大的比例。問十個孩子，大概只有兩個是在家晚餐的，甚至更少。

　　菜色的設計上就無法太過於複雜或者是材料難取得的。最厲害的家常菜，大概就是打開冰箱，有什麼就煮什麼吧！而且大部分的菜都很難有菜名，最常聽到的家常菜名應該就是：隨便煮的。所以對我來說家常菜的重點，就是食材容易取得、備料容易、烹飪時間短。

　　因為長時間都在教親子及兒童烹飪，當然也會希望在料理當中，孩子能盡量參與。孩子在參與當中，也能了解自己在家中的定位，也是一個付出給予者，而不是只有等著成果的人。

　　而所謂的家常，應該是屬於每個家庭自己的味道。很多人在不太會做菜的時候，喜歡參考一些食譜，然後按著上面的調料多寡去做複製。其實我倒是鼓勵大家，熟練之後，可以多做一些調整，調整出適合家裡人喜愛的鹹淡，甚至是菜色內容的替換，這樣才能滿滿做出屬於自己家的「家常菜」。

　　媽媽的味道，爸爸的味道，應該說家的味道，從廚房開始。會下廚，你會發現我們的心變溫暖了，人的關係更緊密了。家常菜說的不只是菜，有更多的是和家人之間那種情感有味的交流。

親子烹飪教養家 Amanda

平均 15 分鐘就可做好一餐

前幾天和朋友餐敘時,她說:「做一、兩人份料理,好難,好麻煩,在廚房忙老半天才能吃一頓飯,好累,尤其是下班回到家很累也很餓,根本懶得買菜,也不想開伙,不如直接吃外食。」聽了這番話,我笑了,因為她不是第一個發出這種聲音的人,每次與周遭同事或朋友們聊到下廚話題時,大家不願下廚或很少下廚的原因,大都是覺得麻煩、花時間。然而,當我說「其實不麻煩耶,我平均15 分鐘就可做好一餐,我也很少花時間買菜」時,大家總是露出不可思議的表情。你也覺得不可能嗎?猜猜我是怎麼辦到的。其實,只要善用一些小撇步,就可快速出好菜:

· 善用常備食材

我的常備食材,具有耐放、快熟又百搭的特性,例如:蒜頭、洋蔥、紅蘿蔔、薑、黑木耳、毛豆、各種新鮮菇類、蛋、盒裝豆腐、海帶芽、蝦米、冷凍豬肉片。

· 善用常備高湯

用雞骨、豬骨、蔬果熬高湯,或做冷泡高湯放在冰箱裡,無論煮粥、炊飯、煮湯、湯麵、玉子燒、親子丼、關東煮或蒸蛋都可。

· 預做熟食放冰箱

燉一鍋再蒸也好吃的菜餚(例如:瓜仔肉、紅燒肉、咖哩雞、排骨湯)放冰箱,下班回到家只要放進電鍋蒸熟即可,拿來帶便當也很棒。礙於篇幅,其他小撇步將來有機會再分享。願大家都能輕鬆做出暖心又暖胃的家常菜。

蘋果愛料理 蘋果

PART 3

湯類常備菜

recipe

大黃瓜鑲肉湯

🥄 示範 | ㄚ曼達的廚房 ㄚ曼達

　　梅雨季節滴滴答答讓人感到又濕又黏，濕氣一重，人都有點懶懶的，是否讓人連下廚都有點提不起勁呢？就用這道湯品打起精神來。大黃瓜鑲肉湯，是一道做起來有樂趣、吃來消暑解熱、還能排濕的絕佳料理。大黃瓜營養豐富，有解熱消水腫之效，處理起來也非常簡單。調味的豬絞肉鑲入大黃瓜放入電鍋蒸，倒入美美的蛋花清湯，清爽你的胃與心。

材料

大黃瓜 1 條	豬絞肉 350g	醬油 1 大匙	太白粉 1 小匙
雞蛋 1 個	蝦 適量	香油 1 大匙	米酒 1 小匙
鹽 1 小匙	蔥花 1 小匙	砂糖 1 小匙	

步驟

1 將大黃瓜削皮後,切 5 ~ 6 等份,內部塗上太白粉。

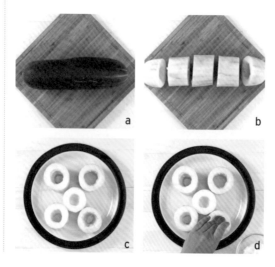

2 絞肉拌入蔥花、醬油、米酒、香油及糖。

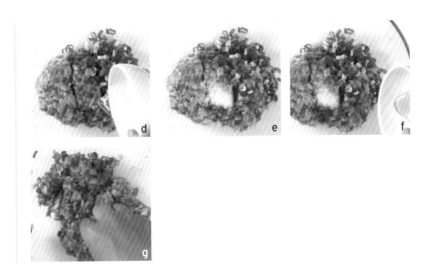

3　將絞肉塞入黃瓜後，放上適量的蝦，即可放入電鍋蒸，外鍋加1杯水。

4　取一空碗將蛋加上1大匙水打散。再起一鍋水，煮滾後加入鹽調味，打入蛋花。

5　黃瓜鑲肉上淋上蛋花湯，撒上一些蔥花即完成。

剝皮辣椒雞湯

🥄 示範｜丫曼達的廚房 丫曼達

剝皮辣椒不只下飯，燉湯也是一絕。爽口帶點辣勁的雞湯秋天喝正是好，熱熱喝出點汗，秋老虎發威也不怕。土雞肉剁大塊，杏鮑菇、蒜頭下鍋讓風味更醇厚。而米酒能讓雞湯口感香氣更純淨，電鍋咕嚕作響，讓人期待的雞湯終於完成。快喝一大碗，讓一天的疲憊褪去。

🍲 材料

土雞 半隻	大蒜 10 瓣	蛤蜊 20 個	鹽 1 小匙
剝皮辣椒 350g	杏鮑菇 100g	米酒 3 大匙	

步驟

1 鍋內放入土雞、杏鮑菇、大蒜、剝皮辣椒及米酒。

2 將水倒滿放入電鍋蒸,外鍋放 3 杯水。待電鍋跳起後,放入蛤蜊再燜 5 分鐘至蛤蜊開口即完成。

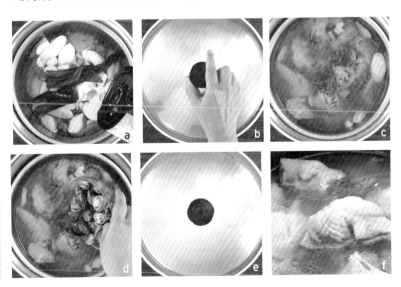

recipe

甜柿糙米雞湯

🥣 示範｜**丫曼達的廚房** 丫曼達

　　台灣每年十月開始就是柿餅的季節，新竹新埔還有季節限定的觀光活動，想看曬柿子盛況就是此時，也趁當季買些柿餅回家食用吧！柿餅有潤肺止咳等有益氣管的功效，秋冬最佳的進補食材之一，尤其因感冒而食慾不振、缺乏營養者，這道甜柿糙米雞湯再適合不過了。柿餅雞湯加了糙米喝來清爽又滋補。這個秋冬千萬別錯過這道湯品喔！

材料

土雞 半隻	糙米 1 杯（約 200g）	枸杞 1 大匙
柿餅 3 個	薑片 5 片	米酒 1 大匙

步驟

1 糙米洗淨後放入鍋內，加入雞肉、柿餅、薑片、枸杞及米酒。

2 倒入約 2000ml 的水，放入電鍋蒸，外鍋 3 杯水。

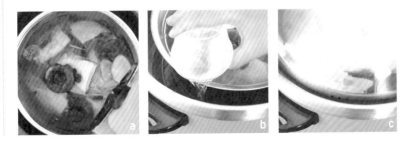

3 待電鍋跳起即完成。

下飯便當菜

最適合帶便當、不變味，好下飯的美味菜色

作　者	台灣你好團隊
責任編輯	梁淑玲
封面設計	TODAY STUDIO
內頁設計	葛雲

出版總監	黃文慧
副總編	梁淑玲、林麗文
主　編	蕭歆儀、黃佳燕、賴秉薇
行銷企劃	陳詩婷
印　務	黃禮賢、李孟儒

社　長	郭重興
發行人兼出版總監	曾大福
出　版	幸福文化／遠足文化事業股份有限公司
地　址	231 新北市新店區民權路 108-1 號 8 樓
粉絲團	https://www.facebook.com/Happyhappybooks/
電　話	（02）2218-1417　傳真：（02）2218-8057
發　行	遠足文化事業股份有限公司
地　址	231 新北市新店區民權路 108-2 號 9 樓
電　話	（02）2218-1417　傳真：（02）2218-1142
電　郵	19504465
郵撥帳號	0800-221-029
客服電話	www.bookrep.com.tw
網　址	www.bookrep.com.tw
印　刷	通南彩色印刷有限公司（02）2221-3532
法律顧問	華洋法律事務所 蘇文生律師
初版一刷	西元 2017 年 11 月
二版三刷	西元 2020 年 4 月
定　價	399 元

國家圖書館出版品預行編目 (CIP) 資料

下飯便當菜：最適合帶便當、不變味，好
下飯的美味菜色／台灣你好團隊著；

　-- 二版 . -- 新北市：幸福文化出版：
遠足文化發行，2019.01
面；公分 . -- (飲食區 Food&Wine；12)
　ISBN 978-957-8683-23-5 (平裝)

1. 食譜

427.1　　　　　　　107021359

23141
新北市新店區民權路108-4號8樓
遠足文化事業股份有限公司　收

幸福文化　　書名 下飯の菜　　書號 0HFW4004

讀者回函卡

感謝您購買本公司出版的書籍，您的建議就是幸福文化前進的原動力。請撥冗填寫此卡，我們將不定期提供您最新的出版訊息與優惠活動。您的支持與鼓勵，將使我們更加努力製作出更好的作品。

讀者資料

● 姓名：＿＿＿＿＿＿　● 性別：□男　□女　● 出生年月日：民國＿＿＿年＿＿＿月＿＿＿日

● E-mail：＿＿＿＿＿＿＿＿＿＿＿＿＿＿＿＿＿＿＿＿＿＿＿＿＿＿＿＿＿＿＿

● 地址：□□□□□＿＿＿＿＿＿＿＿＿＿＿＿＿＿＿＿＿＿＿＿＿＿＿＿＿＿

● 電話：＿＿＿＿＿＿＿＿＿　手機：＿＿＿＿＿＿＿＿＿　傳真：＿＿＿＿＿＿＿＿

● 職業：□學生□生產、製造□金融、商業□傳播、廣告□軍人、公務□教育、文化□旅遊、運輸□醫療、保健□仲介、服務□自由、家管□其他

購書資料

1. 您如何購買本書？□一般書店（　　　縣市　　　書店）
   □網路書店（　　　書店）　□量販店　□郵購　□其他

2. 您從何處知道本書？□一般書店　□網路書店（　　　書店）　□量販店
   □報紙　□廣播　□電視　□朋友推薦　□其他

3. 您通常以何種方式購書（可複選）？□逛書店　□逛量販店　□網路　□郵購
   □信用卡傳真　□其他

4. 您購買本書的原因？□喜歡作者　□對內容感興趣　□工作需要　□其他

5. 您對本書的評價：（請填代號 1.非常滿意　2.滿意　3.尚可　4.待改進）
   □定價　□內容　□版面編排　□印刷　□整體評價

6. 您的閱讀習慣：□生活風格　□休閒旅遊　□健康醫療　□美容造型　□兩性
   □文史哲　□藝術　□百科　□圖鑑　□其他

7. 您對本書或本公司的建議：

＿＿＿＿＿＿＿＿＿＿＿＿＿＿＿＿＿＿＿＿＿＿＿＿＿＿＿＿＿＿＿＿＿＿＿＿＿
＿＿＿＿＿＿＿＿＿＿＿＿＿＿＿＿＿＿＿＿＿＿＿＿＿＿＿＿＿＿＿＿＿＿＿＿＿
＿＿＿＿＿＿＿＿＿＿＿＿＿＿＿＿＿＿＿＿＿＿＿＿＿＿＿＿＿＿＿＿＿＿＿＿＿
＿＿＿＿＿＿＿＿＿＿＿＿＿＿＿＿＿＿＿＿＿＿＿＿＿＿＿＿＿＿＿＿＿＿＿＿＿